Sabine Donauer

Faktor Freude

Sabine Donauer

FAKTOR FREUDE

Wie die Wirtschaft Arbeitsgefühle
erzeugt

Bibliografische Information der Deutschen Nationalbibliothek

Die Deutsche Nationalbibliothek verzeichnet diese
Publikation in der Deutschen Nationalbibliografie;
detaillierte bibliografische Daten sind im Internet unter
http://dnb.d-nb.de abrufbar.

© edition Körber-Stiftung, Hamburg 2015

Umschlag: Groothuis. www.groothuis.de
Covergestaltung und Illustration: Ralf Nietmann |
ralfnietmann.de
Herstellung: Das Herstellungsbüro, Hamburg |
buch-herstellungsbuero.de
Druck und Bindung: CPI – Clausen & Bosse, Leck
Printed in Germany

ISBN 978-3-89684-171-1
Alle Rechte vorbehalten

www.edition-koerber-stiftung.de

Für M.

»Die gute Zeit fällt nicht vom Himmel,
sondern wir schaffen sie selbst;
sie liegt in unseren Herzen eingeschlossen.«
Fjodor Dostojewski

Inhalt

Prolog 9
Keynes und seine Enkel 9
Arbeitsgefühle – Gefühlsarbeit 16

I. Von der Last zur Lust 25
Die Entdeckung der Arbeitsgefühle um 1900 27
Wie man Arbeitermassen begeistert: 1925–1940 34
Der Ort persönlicher Entfaltung: 1940–1960 42
Selbstverwirklichung ab den 1960er Jahren 58

II. Eine Geschichte der Arbeitsgefühle 76
Positive Gefühle in der Lohntüte 76
Vom Verschwinden des Körpers 99
Über sich hinauswachsen 118
Ein jeder seines Glückes Schmied 136

III. Weniger ist mehr 149
Die historischen Trends heute und morgen 149
Glück ohne Potenzialmaximierung 195

Anmerkungen 219

Prolog

Keynes und seine Enkel

Im Jahr 1930 befasste sich der britische Ökonom John Maynard Keynes mit einem für einen Ökonomen recht untypischen Thema. In seinem Aufsatz *Die ökonomischen Möglichkeiten unserer Enkel* ging es Keynes um nichts Geringeres als die wohlbegründete Spekulation darüber, wie es um die Wirtschafts- und Arbeitswelt zu Beginn des 21. Jahrhunderts bestellt sein könnte. Für die Generation seiner Enkel – also uns – sah er eine denkwürdige Zukunft:

Bis in hundert Jahren würde die Menschheit ihr »ökonomisches Problem« gelöst haben. Unter jenem ›Problem‹ verstand Keynes die Notwendigkeit, durch Arbeit für die eigene Lebensgrundlage zu sorgen. Nahrung, Kleidung, Behausung in menschenwürdigem Maße würden im Jahr 2030 durch maximal drei Arbeitsstunden am Tag gesichert sein. Dank eines kontinuierlichen technischen Fortschritts – Keynes dachte hier vor allem an eine Automatisierung der

Landwirtschaft und Lebensmittelherstellung – würden seine Enkel nur noch ein Viertel des Aufwandes betreiben müssen, um ihre Existenz zu sichern. Die Sechzigstundenwoche der 1930er Jahre würde auf eine Fünfzehnstundenwoche schrumpfen.

Keynes wusste freilich, dass ein solch epochaler Wandel mehr bedurfte als technischer Innovation und der Steigerung von Produktivitätsraten. Wie alle Ökonomen seiner Zeit war auch er kein reiner Zahlenfuchs, sondern ebenso Philosoph wie Historiker. Dank seiner universalistischen Ausbildung in Cambridge und seines besonderen Gespürs für die Eigenheiten der menschlichen Spezies wusste er um die potenziell unersättliche Natur menschlicher Bedürfnisse. Diese teilte er in zwei Kategorien ein: in absolute Bedürfnisse, die den Menschen immer begleiten, wie das Grundbedürfnis nach Nahrung, Wärme oder einer Behausung; und in relative Bedürfnisse, deren Befriedigung in erster Linie dazu dient, sich seinem Nachbarn gegenüber erhaben zu fühlen. Stets unstillbar, sind Letztere auch der Motor für all die Bemühungen, immer mehr Geld anzuhäufen. Was die absoluten Bedürfnisse betraf, war Keynes optimistisch: Sie würden durch den Fortschritt bald für jedermann abgedeckt sein, worauf sich die Menschen nicht wirtschaftlichen Aktivitäten hingeben könnten.

Eine Fünfzehnstundenwoche würde natürlich voraussetzen, dass wir Enkel mit unserer neu gewonnenen Freiheit umzugehen wüssten. Freie Zeit – und hier war Keynes sicher nicht naiv – war ein Mysterium, Faszinosum und Tremendum zugleich, denn: Die Menschen, so wusste Keynes, waren viel zu lange darauf hin trainiert worden, nach neuen Einkommenszuwächsen zu streben. Würden sie in der Lage sein, die Früchte ihrer Arbeit zu genießen, die freie Zeit zu füllen, sich sinnvoll zu beschäftigen, anstatt unaufhörlich und immer mehr materielle Güter anzuhäufen?

Dazu müsste sich aber die Mentalität der Menschen verändern, insbesondere ihre Beziehung zum Geld. Denn der Wandel steht und fällt für Keynes damit, wie der Mensch sein Verhältnis zum Geld austariert: Wenn der Mensch seine »Liebe zum Geld« (»the love of money«) nicht aufzugeben bereit ist, wird er unweigerlich unfrei und zur ewigen Unruhe verdammt bleiben. Gelingt es ihm hingegen, Geld als das zu sehen, was es ist, ein Behelf, um sich die notwendigen ›Lebensmittel‹ einzukaufen, würde der Mensch befreit werden, befreit vom Zwang, mehr zu verdienen und die Nachbarn mit immer neuen Konsumgütern zu übertrumpfen.

»Natürlich«, mutmaßt Keynes über die Zeit seiner Enkel, »wird es immer noch viele Menschen geben, die blind Wohlstandsgewinne jagen, bis sie einen plausiblen Ersatz hierfür finden. Aber der Rest von uns wird nicht mehr dazu gezwungen sein, ihnen zu applaudieren und sie darin zu bestärken. Wir werden stattdessen jene höchst angenehmen Menschen ehren, die uns beibringen, das Vorhandene unmittelbar zu genießen.«

»Es wird ein Bedürfnis daher nicht sowohl von denen,
welche es auf unmittelbare Weise haben,
als vielmehr durch solche hervorgebracht,
welche durch sein Entstehen einen Gewinn suchen.«
GEORG WILHELM FRIEDRICH HEGEL

Ein Vierteljahrhundert bevor Keynes seine Gedanken über die Zukunft seiner Enkel zu Papier gebracht hatte, machte sein Zeitgenosse, der deutsche Nationalökonom Max Weber, die bemerkenswerte Beobachtung, dass deutsche Fabrikarbeiter bei jeder Erhöhung des Stücklohnes früher nach Hause gingen. Sie entschieden sich also für mehr freie Zeit, anstatt den erhöhten Stücklohn bei gleicher Arbeitszeit in ein höheres Entgelt zu verwandeln. Mit solchen Arbeitern war kein Kapitalismus zu machen. Für eine Wirtschaftsform, die auf Wachstum ausgerichtet war, sei es nötig, die Arbeiter einem »Erziehungsprozess« zu unterwerfen, notierte Max Weber im Jahr 1905 in seinem Hauptwerk *Die Protestantische Ethik oder der Geist des Kapitalismus*[1]. Ihnen müssten die »rechte Gesinnung« und ein »Verantwortlichkeitsgefühl« für einen wachstumsorientierten Produktionsprozess erst anerzogen werden. Ohne diese, erkannte er, waren kapitalistische Steigerungsraten unmöglich.

Die Arbeiter zu Beginn des vergangenen Jahrhunderts aber kamen aus einer anderen Welt: Sie waren vor der deutschen Industrialisierung in Verhältnissen groß geworden, in denen sie ihr ›Tagwerk‹ in Handwerksbetrieben oder in der Landwirtschaft vollbracht hatten. Ein Schmied musste nicht jährlich mehr Pferde beschlagen, als im Dorf tatsächlich zur Verfügung standen. Ein Knecht musste nicht jedes Jahr mehr Felder bestellen, gab es doch ohnehin nur die begrenzten Flächen des bäuerlichen Betriebs. Ein Auskommen zu haben – darin bestand der Sinn der täglichen Arbeit in dieser vorindustriellen Welt. War das Feld erst bestellt, konnte man getrost nach Hause gehen und sich im wahrsten Sinne des Wortes Müßiggang ›leisten‹.

Aus ebendieser bedächtigen Kreislaufwirtschaft wechselten Webers Arbeiter am Ende des 19. Jahrhunderts in eine Welt der Fabriken, die kein begrenztes Tagwerk mehr erforderte, sondern eine beständige Steigerung: schnellere Abläufe, höhere Stückzahlen, flinkere Handgriffe – am besten Jahr um Jahr. Als Anreiz wurden dafür höhere Löhne ausgezahlt. Aber die Fabrikbesitzer mussten sich doch so einiges einfallen lassen, bis die Arbeiter diese höheren Löhne auch zum Anlass nahmen, tatsächlich länger an der Werkbank zu stehen. Warum sollten sie auch mehr Zeit als zum Überleben nötig in die Erwerbstätigkeit stecken?

Heute, über hundert Jahre nach Max Webers Beschreibung der ländlich geprägten Arbeiter mit der hohen Freizeitpräferenz, finden wir bemerkenswerterweise das umgekehrte Phänomen: Menschen bleiben bis weit nach Feierabend in ihren Büros und an ihren E-Mail-Eingängen sitzen, ohne durch ein zusätzliches Entgelt dazu motiviert werden zu müssen. Diese modernen ›Helden der Arbeit‹ leisten unbezahlte Überstunden, und nicht wenige fühlen sich gut dabei. Während Max Webers Fabrikarbeiter zum Ärger der Fabrikherren bereits eine Minute vor Arbeitsschluss am Fabriktor standen, um dem verhassten Unternehmer keine Sekunde ihres Feierabends zu schenken, lassen heutzutage in Deutschland Millionen Arbeitnehmer ihre Mittagspausen und Feierabende ausfallen, um ein dringendes Projekt innerhalb der ›Deadline‹ zu Ende zu bringen. Ansonsten würde sie ein schlechtes Gewissen plagen. Sie tun dies nicht einmal innerhalb des Achtstundentages, der in der Weimarer Republik von der Arbeiterbewegung erkämpft wurde. Die Angestellten des neuen Jahrtausends arbeiten »freiwillig« länger, und dank der Segnungen des Smartphones gern auch am Wochenende oder im Urlaub. In einem *Spiegel*-Interview antwortete unlängst der Arbeitspsychologe Matthias Burisch auf die Frage, ob all das arbeitsbedingte Mail- und Internet-Checken wirklich nötig sei: »Viele, die am Handy hängen, wissen mit sich sonst einfach nichts mehr anzufangen. Ich sehe etwa in Flughäfen ganz selten Geschäftsleute, die einfach mal nichts tun – und damit Zeit haben nachzudenken.«

Max Webers Fabrikarbeiter um 1900 sehnten sich nach mehr freier Zeit. Aus Arbeiterinterviews der Jahrhundertwende wissen wir von den mannigfachen Interessen vieler Metalldreher oder Schlosser. In ihrer Freizeit betrieben sie Astronomie, pflegten einen eigenen kleinen Acker, bildeten sich als Botaniker weiter oder verbrachten ihre Abende mit dem Arbeitertheater. Nicht wenige gaben ihren Zwiespalt zu Protokoll, so gerne zu lesen, dass sie die halbe Nacht wach blieben und am nächsten Tag in der Fabrik nie ausgeschlafen waren. Bei dieser Arbeitermentalität hatte Keynes allen Grund zu der Annahme, dass jeder Produktivitätszuwachs auch in Zukunft von den Arbeitnehmern in freie Zeit umgemünzt werden würde. Heute aber brennen nachts die Lichter nicht in den heimischen Lesestuben, sondern in Firmenbüros. Arbeits-E-Mails werden oft auch noch nach Mitternacht verschickt. Die Deutschen leisten sogar die meisten Überstunden im Vergleich zu ihren europäischen Nachbarn. Der EU-Sozialkommissar László Andor stellte im Herbst 2014 fest: »In keinem Land der Euro-Zone gibt es einen so großen Unterschied zwischen der tarifvertraglich vereinbarten Wochenarbeitszeit und der tatsächlichen Wochenarbeitszeit wie in Deutschland.«

Die meisten dieser Überstunden werden unbezahlt und ohne einen Freizeitausgleich geleistet. Dabei hat sich die Produktivität der deutschen Arbeitnehmer pro Arbeitsstunde allein zwischen 1975 und 2014 verdoppelt.[2] In diesem Zeitraum stagnierten zugleich die Reallöhne oder sind gesunken. Der Deutsche arbeitet also seit vier Jahrzehnten deutlich mehr, für weniger Geld und ohne Unmutsbekundungen.

Was ist passiert zwischen 1905 und 2015? Warum sind wir nicht Keynes' Enkel geworden?

Arbeitsgefühle – Gefühlsarbeit

»Der Kapitalismus tritt den Menschen nicht entgegen,
so dass sie sich Aug in Aug mit ihm auseinandersetzen könnten.
Vielmehr befindet er sich in ihnen und lebt durch sie.
Erst durch ihr Denken, Fühlen und Handeln wird er existent.
Würden die Menschen anders denken,
fühlen und handeln, gäbe es ihn nicht.«
MEINHARD MIEGEL

Nicht durch Zufall ist aus einer Mehrheit an widerständigen, streikenden, freizeitaffinen Arbeitern im Laufe der letzten hundert Jahre eine beflissene, hochproduktive Arbeitsbevölkerung geworden. Dieser enorme Zuwachs an Leistungsbereitschaft kann nicht dadurch erklärt werden, dass die Arbeitnehmer mehr verdienen und deshalb auch mehr zu leisten bereit sind. Die ernüchternden Zahlen der Einkommensstatistik erteilen diesem Erklärungsansatz eine klare Absage. Vielmehr ist der Schlüssel zu dieser bemerkenswerten Aufopferungsbereitschaft im Job in einem gewandelten Verständnis der Arbeit selbst zu suchen. Vor hundert Jahren auf das Thema Arbeit angesprochen, wäre ein Arbeiter vermutlich vor allem auf zweierlei zu sprechen gekommen: das leidige ›Malochen‹ und den Kampf gegen die Unternehmerschaft, der sich auf den viel zitierten ›Klassenhass‹ gründete. Die Arbeiter lebten im beständigen Gefühl, durch ihre harte Arbeit Unternehmensgewinne zu erwirtschaften, an denen sie schließlich nicht beteiligt wurden.

Heutige Umfragen zum Thema Arbeit fördern ein ganz anderes Verhältnis zum Erwerbsarbeitsplatz zutage: Viele, insbesondere jüngere Arbeitnehmer wollen vor allem ›Spaß bei der Arbeit‹ haben. Sie suchen im Job nach ›Selbstverwirklichung‹ durch neue, spannende Herausforderungen und erwarten ein motivierendes Arbeitsumfeld. Die Kette jener Begriffe, die Menschen gewohnheitsmäßig mit dem Thema Arbeit assoziieren, hat sich, so scheint es, im Verlauf des vergangenen Jahrhunderts komplett gewandelt: Statt der Arbeitslast steht nun die Arbeitslust im Vordergrund.

Will man den Verheißungen postmoderner Stellenanzeigen und Karriereratgeber folgen, so liegt in der Erwerbsarbeit die Quelle persönlicher Entwicklung und Entfaltung. Ein erfülltes Arbeitsleben wird heute als unbedingte Voraussetzung eines gelungenen Lebens präsentiert. Adressaten dieser enormen Glücksversprechen sind vom Berufseinsteiger bis zum ›Professional‹ alle Arbeitssuchenden: So verspricht BMW seinen künftigen Auszubildenden: »Egal, für welchen Beruf du dich entschieden hast – TaLEnt macht die Ausbildung bei der BMW Group sehr vielseitig und wertvoll für deine persönliche Entwicklung.« Ähnlich wirbt auch DHL für ein Traineeship: »Als Arbeitgeber bieten wir unseren Mitarbeitern nicht nur anspruchsvolle Aufgaben, sondern auch vielfältige Chancen für Ihre berufliche und persönliche Weiterentwicklung. Wir bestärken Sie fortwährend darin, Ihr Potenzial auszuschöpfen und sich weiterzuentwickeln. Davon profitieren nicht nur wir als

Unternehmen, sondern vor allem die Mitarbeiter selbst.«
Und auch die Unternehmensberatung BCG lockt die Con-
sultants in spe mit dem Versprechen: »Sie werden nicht
wachsen, wenn Sie jeden Tag nur das tun, was Sie schon
können. Sondern nur, wenn Sie Ihre Grenzen überwinden.
Das ist der Grund, warum Sie bei BCG mehr erreichen können. Nicht nur für unsere Kunden, sondern auch für sich
selbst.«

Nun ist erst einmal nichts Schlechtes daran, wenn der Arbeitsplatz in einem recht freundlichen Licht und mit positiven Emotionen ausgestattet daherkommt. Wer wünscht
sich schon die Zeiten zurück, in denen sich Arbeitgeber
und Arbeitnehmer hasserfüllt gegenüberstanden und
Streiks durch Werkspolizisten niedergeschlagen wurden?
Wenn Arbeitnehmer ›Spaß im Job‹ erwarten und Arbeitgeber selbigen versprechen, klingt das nach einer Win-win-
Situation.

Dass Arbeitnehmer in dieser schönen neuen Arbeitswelt
in den vergangenen hundert Jahren jedoch auch etwas verloren haben, ist der Gegenstand dieses Buches. Die wachsende Emotionalisierung des Arbeitsverhältnisses ist kein
Zufall, und sie hat ihren Preis.

Erste Ideen, wie man dem allgegenwärtigen ›Klassenhass‹
gezielt ein emotional positives Erwerbsverhältnis entgegensetzen konnte, kamen vor über hundert Jahren auf.
Bereits vor dem Ersten Weltkrieg lenkte die Management-

Zeitschrift *Organisation* die Aufmerksamkeit ihrer Leser aus dem Unternehmerkreis darauf, wie wichtig das »Interesse der Angestellten am Geschäft« und deren »Liebe zum Beruf« für den Unternehmenserfolg seien. Arbeitnehmer sollten sich idealerweise »durch Bande, wie sie langjährige Beziehungen herausbilden, mit dem Unternehmen eng verknüpft fühlen«. Befehle und die Androhung von Disziplinarmaßnahmen sollten nun der Vergangenheit angehören, stattdessen forderten die Diskussionsbeiträge in der Zeitschrift indirekte Leitungstechniken. Man empfahl dem Chef ein »leutseliges Wesen« und die stets »achtungsvolle Behandlung« des Personals, ebenso Taktgefühl wie auch »aufmunternde Worte und gelegentliche Anerkennung«, die besser wirkten als »das beliebte Straffspannen der Zügel«.[3] Die Unternehmerschaft erkannte die Gefühle ihrer Mitarbeiter ab dem frühen 20. Jahrhundert immer mehr als ›Ressource‹, die es klug zu nutzen galt. Streikende, bummelnde oder sabotierende Arbeiter bedeuteten hohe Verluste in den Bilanzbüchern der Unternehmen. Engagierte, interessierte und idealerweise begeisterte Mitarbeiter jedoch konnten den entscheidenden Wettbewerbsvorteil für die Firma erbringen.

Diese Erkenntnis war der Startschuss für das unternehmerische Gefühlsmanagement: Als die Unternehmen das enorme ökonomische Gewicht der Gefühle ihrer Arbeiter wahrnahmen, begannen sie gezielt, diese Ressource zu ›bewirtschaften‹. Jahrzehnte bevor das Wort ›Humankapital‹

zu einem Begriff (und schließlich zum Unwort des Jahres 2005 gewählt) wurde, investierten Unternehmen in genau das: in die Bereitschaft ihrer Mitarbeiter, nicht nur durch ihre handwerklichen Fertigkeiten, sondern auch durch ihre innere Haltung der Firma zum Erfolg zu verhelfen.

Dieser unternehmerische ›Bedarf‹ – eine Arbeiterschaft zu formen, die täglich Arbeitsfreude statt Ressentiments zum Einsatz brachte – erzeugte eine eigene Disziplin: die Arbeitswissenschaften. Seit dem frühen 20. Jahrhundert entwickelten Arbeitsphysiologen, Betriebssoziologen, Arbeitspsychologen und (näher an unserer Gegenwart) HR- und ›Feel-Good‹-Manager Konzepte, wie man den lustlosen Entgeltempfänger in jemanden verwandeln konnte, der sich leidenschaftlich dem Unternehmenserfolg verschrieb. Eine Heerschar von Personalexperten hat in den vergangenen Jahrzehnten darauf hingewirkt, aus der oppositionell gesinnten Arbeiterklasse einen Pool individualistischer, selbst motivierter Leistungsträger zu machen. Ob dieses Vorhaben tatsächlich und in seiner Gänze aufgegangen ist, darüber lässt sich trefflich streiten, auch davon soll in diesem Buch noch die Rede sein. Allein jedoch der Versuch, das Innenleben der Arbeitnehmer mit wirtschaftlichen Erfordernissen produktiv zu verbinden, ist nicht ohne Spuren und Effekte geblieben. Die Art, wie wir heute über Arbeitslust und Arbeitslast nachdenken, wie wir über Selbstverwirklichung oder Burn-out reden, wie wir uns in Bewerbungsgesprächen präsentieren, wie wir besser oder schlechter mit unserer physischen und psychischen Energie bei der Arbeit haushalten, ist zutiefst von den Konzepten geprägt, die Arbeitswissenschaftler und Personalexperten in der Vergangenheit entwickelt und umgesetzt haben. Kurz: Unsere ›Arbeitsgefühle‹ können nicht verstanden werden, ohne jene ›Gefühlsarbeit‹ nachzuzeichnen, die Unternehmen seit über hundert Jahren an ihren Mitarbeitern verrichten.

Und: Diese Gefühle haben nicht nur eine Geschichte, sie ›machen‹ auch Geschichte. Es macht einen Unterschied, ob sich ein Arbeitnehmer als ›Klassenantagonist‹ oder als ›High Potential‹ empfindet. Ob er mit Abscheu Routinetätigkeiten verrichtet oder freudig gespannt ist auf neue Herausforderungen. Die Geschichte dieser Unterschiede möchte ich in diesem Buch erzählen. Sie kreist um vier große historische Entwicklungslinien, die im vergangenen Jahrhundert untrennbar mit der Emotionalisierung des Erwerbsverhältnisses einhergegangen sind. Man kann sie als den ›Preis‹ unseres heutigen Arbeitsverständnisses bezeichnen. Die erste der vier geschichtlichen Entwicklungen lässt sich unter dem Begriff der ›Desomatisierung‹ zusammenfassen, denn in unserem Arbeitsverständnis ist der Körper des Arbeitnehmers immer weiter verschwunden. Heutzutage ist alles eine Frage der ›Motivation‹, und diese ist ein rein mentaler Begriff. Das Sprechen über körperliche Kapazitäten und auch über Grenzen der Belastbarkeit bei der Arbeit ist uns im Vergleich zum frühen 20. Jahrhundert gänzlich abhandengekommen.

Zweitens lässt sich für die vergangenen Jahrzehnte eine ›Dematerialisierung‹ in Bezug auf die Arbeit und die Emotionen feststellen: Waren in der Zeit um 1900 Unternehmer noch fest davon überzeugt, ihre Arbeiter würden mit einem Plus in der Lohntüte auch mehr leisten, so werden heute völlig andere Vorannahmen in der Personalwirtschaft verbreitet: Durch Geld kann man die Menschen angeblich nicht motivieren. Wer wirklich Spaß an der Arbeit hat und begeistert dabei ist, fragt nicht gleich nach der fälligen Gehaltserhöhung, sobald das Pensum zunimmt. Dieses Verständnis von Arbeit und Emotionen bedient eine Wirtschaftsordnung, in der die Belastungen steigen, nicht aber die Reallöhne.

Drittens beschreibe ich mit dem Wort ›Dynamisierung‹, dass wir mittlerweile bei einem Arbeitsmodell angelangt sind, welches von einem ständigen ›Schneller, Höher, Weiter‹ ausgeht. Und auch das war historisch betrachtet nicht immer so. Dass Menschen einfach Tag um Tag und Jahr um Jahr ein fixes Pensum verrichten, ohne sich jedes Jahr noch weiter nach der Decke beziehungsweise neuen Wachstumszahlen strecken zu müssen, war bis weit in das 20. Jahrhundert hinein eine gängige Vorstellung. Die Fragen, wann und wie (viel spannender noch: durch wen!) sie sich geändert hat, führen hier zum Kern.

Viertens und letztens hat sich unser Bezug zur Arbeit individualisiert. Während um 1900 die Arbeiterschaft en bloc für die gemeinsame Sache, um bessere Arbeitsbedingungen, stritt, gilt heute jeder Einzelne selbst als seines

Glückes Schmied. Solidarität erscheint in Deutschland weniger denn je als innerbetriebliche Denkfigur. Auch daran haben Unternehmen mit großem Nachdruck gearbeitet: den Stolz auf die eigene Leistungsfähigkeit herauszupräparieren und die gefühlten Klassenbande aufzulösen.

Die kritische Schilderung unserer gewandelten Arbeitsgefühle fußt auf meiner geschichtswissenschaftlichen Dissertation *Emotions at Work – Working on Emotions: On the Production of Economic Selves in Twentieth-Century Germany*. Sie entstand am Forschungsbereich ›Geschichte der Gefühle‹ des Max-Planck-Instituts für Bildungsforschung.[4]

Dieses Buch erlaubt mir nun zwei Dinge, auf die ich in der wissenschaftlichen Form verzichten musste: die Reflexion von Alltagsbeobachtungen und Gesprächen. Denn schon die bloße Erwähnung meiner wissenschaftlichen Arbeit brachte mir stets zuverlässig eine Flut anekdotischer Erzählungen aus der Arbeitswelt ein. Und einige dieser kleinen und großen Begebenheiten aus dem Arbeitsleben meiner Mitmenschen führen unmittelbarer zum Kern meiner Kritik an der heutigen Arbeitswelt als jede fachwissenschaftliche Abhandlung.

Zweitens ermöglicht mir dieses Buch, soziale mit ökologischer Kritik zu verknüpfen, denn unser Arbeitseifer hat seinen Preis. Wir arbeiten und produzieren mehr, als unser Planet verträgt. Mit den ökologischen Konsequenzen müssen wir uns jetzt auseinandersetzen. Noch nie in der

Geschichte des arbeitenden Menschen gab es so viele gute Gründe dafür, in Zukunft weniger zu schaffen und sich dabei gut zu fühlen.

I. Von der Last zur Lust

Auf eine grundsätzliche Art ist Arbeit selbstverständlich immer wichtig – vor allem dann, wenn sie fehlt oder Menschen von Arbeitslosigkeit bedroht sind. Wenn Arbeitnehmer aber bereit sind, ohne Not körperliche und seelische Grenzen zu überschreiten, muss ihrer Arbeit eine besondere Qualität innewohnen: eine Sinnhaftigkeit, ein Glücksversprechen. Dieses Kapitel erzählt von jenem ungeheuren Bedeutungszuwachs, den die Arbeit über die vergangenen hundert Jahre hinweg erfahren hat. Welchen besonderen Stellenwert die Erwerbsarbeit heute in unserem Leben einnimmt, ist das Ergebnis einer wandlungsreichen Geschichte. Einer Geschichte, in der die unaufhörlichen Bemühungen von Unternehmern und Personalexperten, der Arbeit ein ›transzendentes‹ Wesen zu verleihen, eine entscheidende Rolle spielen. Wie ist es ihnen gelungen, die Arbeit über ihre profane Funktion hinauszuheben, ohne diese zu leugnen? Noch immer ist sie ja in erster Linie dazu da, eine Existenz zu sichern, die Miete und die Brötchen zu bezahlen. Um außergewöhnliche Leistungen zu erbringen, müssen Arbeitnehmer ›glauben‹, dass Arbeit mehr ist als nur das.

In diesen ›Glaubensdingen‹ – heute würde man von ›vision & mission‹ eines Unternehmens sprechen – haben sich Unternehmen allerdings stets nur um jene Mitarbeiter bemüht, die auf dem Arbeitsmarkt im Vorteil waren oder deren ›Output‹ schwer zu kontrollieren war. Bei näherem Hinsehen ist dies völlig einleuchtend: Ein prekär beschäftigter Paketbote muss nicht motiviert werden, um ihn effizient zu machen. Er wird allein durch die fest vorgegebene Anzahl an auszuliefernden Paketen zu schnellstmöglichem Arbeiten gezwungen. Wenn er die erwartete Leistung nicht erbringt, rekrutiert die Firma einen neuen Mitarbeiter aus dem Heer der 22 Prozent Beschäftigten im Niedriglohnsektor. Die kostspielige und aufwendige Arbeit, einen ›Glauben‹ an die Corporate Identity und das Firmenziel zu erzeugen, lohnt sich im Gegensatz dazu beispielsweise bei einem Ingenieur. Seine Leistung ist nicht so leicht zu kontrollieren wie die eines Paketboten. Der Ingenieur kann relativ lustlos seinen ›Dienst nach Vorschrift‹ verrichten. Oder vorausschauend und engagiert neue Ideen entwickeln, sein Team begeistern. Auf Englisch würde man dann über einen solchen Mitarbeiter sagen: »He runs the extra mile.«

Weil er als Ingenieur auf dem Arbeitsmarkt begehrt ist, ist es ihm möglich, die Firma wechseln, wenn ihm die Bedingungen nicht mehr zusagen. In diesem Fall ist die Firma auf ihn angewiesen. Ideal ist für sie ein Mitarbeiter, der eine Bindung zum Unternehmen verspürt und auch in strapaziösen Phasen seinen hohen Marktwert nicht in einen neuen Job ummünzt. Nur die emotionale Bindung wird den begehrten Wissensarbeiter zu Höchstleistungen motivieren. Niemand arbeitet auf Dauer freiwillig mehr, als er muss, außer er sieht in seiner Tätigkeit einen übergeordneten Sinn. Um diesen zu generieren, haben sich Firmen in den letzten hundert Jahren so einiges einfallen lassen.

Die Entdeckung der Arbeitsgefühle um 1900

Um 1900 wäre kein Arbeitnehmer auf die Idee gekommen, über seine Arbeit als ›Selbstverwirklichung‹ zu sprechen. Allzu oft zwang der Broterwerb zu langen, öden Stunden in Fabrikhallen oder Schreibstuben. Die Rechnung für diese emotional unattraktiven Bedingungen wurde den Unternehmern noch im Kaiserreich präsentiert: Die Streikzahlen stiegen in schwindelerregende Höhen. Seit 1880 hatte sich die Zahl der Gewerkschaftsmitglieder alle fünf Jahre verdoppelt und eine äußerst erfolgreiche Streikpolitik hervorgebracht. In den 1890er Jahren kam es jährlich zu über tausend Arbeitsniederlegungen. Allein im Jahr 1905 streikte eine halbe Million Arbeiter, was zu einem Ausfall von über sieben Millionen Arbeitstagen führte. Aber nicht nur die hohen Streikzahlen machten den Unternehmen zu schaffen. Die seit 1895 nahezu herrschende Vollbeschäftigung nutzten Arbeitnehmer verständlicherweise zu ihrem

Vorteil: Ertrugen sie die Arbeitsbedingungen in der einen Firma nicht länger, suchten sie kurzerhand bei der Konkurrenz ihr Glück. In einem Großunternehmen wie Bayer blieb zu jener Zeit nur ein Drittel der Arbeiter länger als drei Jahre.[1]

Dieses renitente Verhalten brachte den Arbeitern zum ersten Mal ein hohes und dauerhaftes Maß an Aufmerksamkeit aus den bürgerlichen Medien. Und auch die sozialwissenschaftliche Forschung nahm den Gemütszustand der widerständigen und unzuverlässigen Arbeitsbevölkerung ins Blickfeld. Was ging in den Arbeitern vor? Warum diese Proteste? Wie waren sie zu beruhigen? All diese Fragen drängten sich Nationalökonomen, Arbeitsmedizinern und Soziologen unmittelbar auf – schließlich drohte die ›Volkskraft‹, so der zeitgenössische Terminus, zu versiegen, weil die Mehrheit der arbeitenden Bevölkerung in den Fabriken dahinvegetierte, statt mit Tatkraft zum ›Nationaleinkommen‹ beizutragen.

Aus dieser Besorgnis heraus entstanden um die Jahrhundertwende zahlreiche Arbeiterbefragungen. Eine der ersten breit angelegten Interview-Studien zur ›Arbeiterseele‹ entstammte der Feder Adolf Levensteins, der über persönliche Kontaktmänner in zahlreichen Betrieben Fragebögen an die Arbeiter verteilen ließ. Viele kamen ausgefüllt zurück – zwar mit orthografisch zumeist haarsträubenden Ergebnissen, inhaltlich aber mit umso aufschlussreicheren Einblicken. Die Antworten förderten den vorhandenen Unmut ungeschönt zutage: »Die monotone Arbeit des mechanischen Webens stumpft ab, ist eine geistestötende«, klagte ein Weber, hinzu komme noch der schlimme Gestank. »Bei schlechtem Material hat man es nach einigen Stunden manchmal so satt, zum Ausreißen.«[2] In einer Arbeiterbefragung, die die Max-Weber-Studentin Marie Bernays 1912 durchgeführt hatte, erklärte ein Arbeiter seine häufigen Betriebswechsel: »An jeder neuen Arbeitsstätte findet der Geist wenigstens zunächst Anregung; das geht immer einige Wochen, und der gequälte Zustand beginnt von neuem. Ich muß sie zeitweilig verlassen, weil sonst die monotone Arbeit mich zermürbt.«[3]

Nicht selten endete solcher Unmut in stillen Sabotageakten, wie hier im Jahr 1912 von der *Zeitschrift für angewandte Psychologie* exemplarisch dargestellt: »Ein Metalldreher schreibt, daß er eine Maschine öfter mit Vehemenz zum Stillstand bringt und davonläuft in die Schmiede, Schlosserei und wahrhafte Freude empfindet, wenn die Arbeitsmaschine plötzlich versagt, obgleich er als Akkordarbeiter durchaus materielle Verluste erleidet.«[4]

In jenen Jahren vor dem Ersten Weltkrieg machten sich zum ersten Mal Vertreter der recht jungen Disziplin der Organisationswissenschaften Gedanken über die Lösung dieser Arbeitsmisere. Sie schlugen den Unternehmern vor, auf die Arbeiter emotional einzugehen und sie nicht nur durch brüllende Werkspolizisten antreiben zu lassen.

Doch die erzkonservative deutsche Unternehmerschaft des Kaiserreiches war den ›neumodischen‹ Vorschlägen der Organisationswissenschaftler gegenüber wenig aufgeschlossen. Emotionale Nähe zur oppositionellen Arbeiterschaft aufzubauen, war undenkbar. Auf Proteste antworteten die Fabrikbesitzer mit der Parole ›Wer nicht arbeitet, soll auch nicht essen‹. Von ›Arbeitnehmerbindung‹ war im Vorkriegsdeutschland gewiss nicht die Rede.

Dies sollte sich erst nach dem Ersten Weltkrieg ändern, als zahlreiche Großunternehmen einen wesentlichen Teil ihres Kapitalstocks verloren hatten. Siemens beispielsweise büßte durch den Krieg 40 Prozent seiner Vermögenswerte ein. Gleichzeitig wandelten sich nach 1918 viele Unternehmen zu Aktiengesellschaften. Diese neue Rechtsform schrieb ein weit strengeres Berichtswesen vor, was wiederum eine präzisere Buchhaltung erforderte. In den nun viel akkurateren Bilanzierungen ließen sich erstmals jene Verluste kleinteilig nachvollziehen, welche übellaunige Arbeiter mittels Sabotage, Fehlzeiten, hohen Fluktuationsraten oder untereinander abgesprochener Bummelei tagein, tagaus verursachten.

Die Bilanzen sahen aus Unternehmensperspektive weder rosig aus, noch versprachen die zeitgenössischen Umstände Besserung. In der Weimarer Republik gelang es der Arbeiterbewegung, wesentliche Forderungen durchzusetzen: Der Achtstundentag und ein Urlaubsanspruch wurden gesetzlich eingeführt. Zudem gelang es den Betriebsräten, die Zuständigkeit für die Sozialprogramme der Unternehmen zu erringen, die in der Folge nicht mehr als unternehmerische Wohltaten in Szene gesetzt werden konnten. Und da sie auch von den Arbeitervertretern verwaltet und verteilt wurden, nahmen die Arbeiter die materiellen Zugewinne als den ihnen zustehenden Anteil am Unternehmensgewinn wahr. Ein Mehr an Verteilungsgerechtigkeit war Antrieb und Erfolg der Weimarer Arbeiterbewegung.

Bis zu diesen gesetzlichen Neuregelungen hatten die Fabrikbesitzer die Arbeitnehmervertreter natürlich nicht als gleichberechtigte Verhandlungspartner behandelt. Klagen der Gewerkschaften über »die Abneigung der Industriekönige, mit den Organisationen der Arbeiter auf gleichem Fuß zu verhandeln«⁵, waren vor 1918 die gängige Hintergrundmusik der Arbeitskonflikte. Dies änderte sich jedoch mit der gesetzlich gestärkten Position der Arbeitnehmervertreter in der Weimarer Republik. Nachdem die ›Zuckerbrot-und-Peitsche‹-Strategie, die aus wenigen freiwilligen Sozialleistungen und vielen Züchtigungen durch eine strenge Werkspolizei bestand, ihre Kraft verloren hatte, waren die Arbeitgeber bereit umzudenken.

Nicht zuletzt hatten die Ingenieure den Unternehmern Anstoß zu einem Umdenken in der ›Arbeiterfrage‹ gegeben. Denn diese hatten sich fortwährend mit der technischen Optimierung der Produktionsabläufe in den Fabriken abgemüht. Nur um dann festzustellen, dass eine technisch perfekt abgestimmte Fabrikanlage an genau einem Hindernis scheitern konnte: dem renitenten Arbeiter, der nur allzu gerne das Produktionstempo wieder verlangsamte, um seinem Unmut Ausdruck zu verleihen. Der Ingenieur Alfred

Vögler brachte dieses Unbehagen anlässlich der Sitzung der Deutschen Eisenhüttenleute 1925 wie folgt zum Ausdruck: »Die große Masse unserer Arbeiter und, ich muß hinzufügen, auch unserer Angestellten, steht dem Werk und dem Prozeß im Werke fremd, sogar feindlich gegenüber. Was hilft es uns, wenn wir uns bemühen, die Hüttenbetriebe und Sie, meine Herren, stets von dem hohen Stand der Technik zu unterrichten? Was hilft es, wenn Sie die Kenntnisse, die Sie gewinnen, möglichst schnell in die Tat umsetzen, wenn ein so gewaltiger Faktor wie die Arbeiterschaft nicht innerlich an Ihren Arbeiten teilnimmt?«[6]

Ein ›reibungsloses‹ Funktionieren entsprach dem Ideal der so fortschrittsbegeisterten Weimarer Republik. In dieses Bild passten keine nicht enden wollenden Arbeitskämpfe, die lahmlegten, was mit viel Ingenieurskunst ersonnen worden war. In einer Zeit, in der das Fließband Einzug in deutsche Unternehmen hielt, schien es zunehmend unverständlich, warum man den Produktionsfluss dermaßen optimierte, nicht aber das menschliche Element, das reichlich Sand ins perfekt funktionierende Getriebe brachte.

Ein Standardwerk der Arbeitskunde aus dem Jahr 1925 fasste diese um sich greifende Erkenntnis zusammen: »Ohne den guten Willen, der auch selbst das billigt und fördert, was der Gesamtbetrieb erfordert, läuft die Maschine mit inneren Reibungen, weil diese seelischen Widerstände größer werden als das bloß materielle Interesse, der Vorteil, der sonst als Motor die Glieder bewegt.«[7] Auch der dama-

lige Präsident des deutschen Arbeitgeberverbandes bekräftigte: »Die Bedeutung der Sorge um den Menschen ist auch
für die Wirtschaftlichkeit der Unternehmung erkannt
worden.«[8]

Zum ersten Mal in der Geschichte wurden also das Innenleben der Arbeitnehmer, ihr guter Wille, ihre Zufriedenheit
und ihr Wohlbefinden als eine wirtschaftliche Ressource
wahrgenommen. Nun galt es als ökonomisch rationaler,
diese Ressource zu ›bewirtschaften‹, statt sie zu ignorieren.
Damit stellte sich in der Weimarer Republik ein wahrhaft
epochemachender Wandel ein: Emotionen wurden ökono-
misiert, sie wurden einer wirtschaftlichen Betrachtungs-
weise unterworfen, rational erfasst und bearbeitet. Gleichzeitig galt es, die Ökonomie zu emotionalisieren: Statt
einem rauen Ton in den Fabrikhallen und einem nüchtern
kontraktuellen Verständnis von Arbeit – Arbeitskraft gegen
Gehalt – mussten die Unternehmen nun ›gefühliger‹ werden, sollte es gelingen, die Arbeiterschaft in das reibungslose Funktionieren der Produktion zu integrieren. Wollten
die Unternehmer ökonomisch erfolgreich sein, waren sie
ab einem gewissen Punkt gezwungen, auf die Kritik der
Arbeiterbewegung an den ›kalten‹ Arbeitsbeziehungen einzugehen. Nachzulesen war diese zum Beispiel in der Betriebsrätezeitschrift für Funktionäre der Metallindustrie:
»Als Person kann sich der Arbeiter in der mechanischen Be-
trieblichkeit nicht zeigen. Er ergänze ja nur die Maschinen-
funktion durch bestimmte, immer dieselben Handlungen,

Handreichungen. Der Mensch wird dadurch wider seiner Eigenschaft als organisches Lebewesen zum Maschinenteil. Kaltschnäuzige Mathematik und Naturwissenschaft baut das Maschinengefüge.«[9]

Die Einsicht und die Bereitschaft, diese Kritik ernst zu nehmen, bedeutete einen fundamentalen Paradigmenwechsel: ›Arbeitsgefühle‹ wurden nicht mehr ignoriert, sondern fortan zu einem wichtigen Produktionsfaktor aufgewertet. Das lästige Problem der Unternehmer entpuppte sich als Schlüssel zur *Lösung* von Produktivitätsfragen. Wenn die Gefühle der Arbeitnehmer nur richtig ›gemanagt‹ wurden, winkten gar verheißungsvolle Gewinne, die ab Mitte der 1920er Jahre mittels verstärkter ›Gefühlsarbeit‹ eingefahren werden sollten.

Wie man Arbeitermassen begeistert: 1925 – 1940

1925 schlossen sich die Großindustriellen der Weimarer Republik zusammen – mit dem erklärten Ziel, sozialen Frieden zwischen Arbeitgebern und Arbeitnehmern zu schaffen. Ein erster Schritt in diese Richtung sollte die Gründung des Deutschen Instituts für Technische Arbeitsschulung sein. Dem DINTA kam die Aufgabe zu, aus verhassten Arbeitsplätzen behagliche ›Werksgemeinschaften‹ zu machen.

Dieses Konzept war in der Weimarer Republik entwickelt worden und verfolgte das hehre Ziel, »eine lebendige, persönliche Beziehung zum Werk im Arbeiter zu wecken«. Denn »seine Arbeit soll für ihn selbst nicht nur Erfüllung vertraglich übernommener Verpflichtungen, sie soll nicht nur Ausübung der nötigen Handverrichtungen, sondern bewußtes Schaffen an einem Betriebsvorgange sein, dessen Sinn er begreift, dessen Erfolg er als seine eigene Sache erkennt«[10] – konziser hätte ein Corporate-Identity-Konzept aus heutigen Zeiten nicht auf den Punkt gebracht werden können!

Die Weimarer Großunternehmen scheuten weder Kosten noch Mühen, diese Vision umzusetzen. Ein breitgefächertes Maßnahmenportfolio adressierte verschiedene Belegschaftsgruppen individuell: Für die Lehrlinge richteten die Unternehmen sogenannte Lehrwerkstätten ein, in denen erstmals in der deutschen Geschichte eine systematische Ausbildung stattfand. 1925 gab es bereits 100 Lehrwerkstätten in der Privatindustrie und fast ebenso viele bei der Reichsbahn, Firmen wie Siemens und Daimler waren hier die Pioniere. Die Ausbildungsstätten sollten kostendeckend arbeiten, so wurde den Lehrlingen frühzeitig vermittelt, den Licht-, Wasser- und Ölverbrauch zu ihrer eigenen ›Management-Aufgabe‹ werden zu lassen. Sie sollten lernen, sich verantwortlich zu fühlen, Ehrgeiz entwickeln und schließlich stolz auf das Erreichte sein – auf dass »der Lehrling den Sinn im Rahmen des ganzen Betriebes erfasst und Freude an der erworbenen Arbeitsgeschicklichkeit hat«.[11]

Lehrlinge liefen nicht mehr wie in früheren Zeiten bei einem Gesellen einfach mit, um die nötigen Handgriffe in der Firma zu erlernen. Nun sorgte das DINTA für eine strukturierte Ausbildung – nicht nur für die Lehrlinge, sondern auch die Lehrmeister. Diese wurden nach den neuesten Erkenntnissen der Pädagogik und Psychologie ausgebildet, um den Lehrling von Anfang an emotional für das Werk einzunehmen. Die Betriebe schickten ihre Lehrmeister zu DINTA-Seminaren, die den künftigen Ausbildern das Einmaleins geschickter ›Menschenführung‹ nahebrachten. Zum Beispiel, dass »durch bloßes Ermahnen nur eine geringe Verbesserung von Leistung zu erzielen ist, da sich der Ermahnte aus seinem ›Geltungsbedürfnis‹ heraus zur Wehr setzt«.[12] Deshalb wurden die Ausbilder angehalten, freundlich mit ihren Schützlingen umzugehen und sie dadurch zu selbstbewussten und (so die Hoffnung) leistungsstarken Betriebsmitgliedern heranzubilden.

Das Vorhaben, einen wertschätzenden Ton einzuführen, machte nicht bei der Lehrlingsausbildung halt, sondern bezog sich auf die gesamten Belegschaften. Als Schlüsselfiguren galten auch hier die Meister und Vorarbeiter. Berliner Unternehmen schickten ihre Führungskräfte aus dieser mittleren Ebene mitunter zu Abendkursen des Instituts für Betriebssoziologie an der Technischen Hochschule Berlin, um zu lernen, wie man den Arbeitern Anerkennung und Wertschätzung vermitteln konnte. Der Inhaber einer mechanischen Weberei, Otto Schenz, zählte zu jenen Unternehmern, die sich in den 1920er Jahren aus ökonomischen

Gründen auf das DINTA-Konzept einließen. Auf einem Symposion, das für Großunternehmer 1928 unter dem Titel ›Industrieller Friede‹ abgehalten wurde, erläutert er die Erfolgsgeschichte seines Gesinnungswandels in einem Vortrag: »Die soziale Frage ist das Problem der Menschenbehandlung. Ich habe gesehen, wie man es nicht machen soll, wie die Chefs nicht verstanden, sich arbeitsfreudige Mitarbeiter heranzuziehen. Als einen Hauptmangel empfand ich, daß meine Arbeiter nicht mit mir an einem Strange zogen, sondern in mir nur den kapitalistischen Ausbeuter sahen, der bekämpft werden mußte. Sie hatten kein Interesse an der Produktion, im Gegenteil, ich glaube, sie freuten sich, wenn eine Partie verdorben wurde.«[13] Um diese emotional ›destruktive‹ Haltung aufzubrechen, wurden die Unternehmen zunehmend freundlicher. Dies zeigte sich bereits an der Änderung der sprachlichen Konvention. Der Arbeiter wurde in der Weimarer Republik zum ›Mitarbeiter‹. Besagtes Symposion stellte 1928 fest: »Die alten und kalten begrifflichen Unterscheidungen – Direktor, Angestellter, Arbeiter – sind in der Auflösung begriffen. An ihre Stelle tritt der Begriff des Mitarbeiters.«[14]

Die deutschen Großunternehmen hatten von einem konfrontativen Modus in einen kooperativen umgeschaltet. Aus dem »Zweckraum« des Betriebes sollte ein »Lebensraum« werden, in dem sich »Werksverbundenheit und Arbeitsfreude als Elemente der Ertragsrechnung« einstellen sollten, so Goetz Briefs, einer der bedeutendsten Betriebssoziologen der Zwischenkriegszeit.[15] Dabei waren die Investitionen, die getätigt wurden, um den Mitarbeitern ein ›Zuhause‹ in der Werksgemeinschaft einzurichten, bemerkenswert: Die Unternehmen bauten ›behagliche‹ Kantinen, Waschräume, Sport- und Wohnanlagen auf dem Betriebsgelände, sogar Parkanlagen und Kaufhäuser wurden angelegt, um die Arbeiter an den Betrieb emotional zu binden. Große Unternehmen wie Siemens richteten sogar Ferien- und Erholungsheime für ihre Belegschaften ein.

Das DINTA entwickelte für seine Mitgliedsbetriebe erstmalig in der deutschen Geschichte Werkszeitschriften mit millionenfacher Auflage. Die Artikel der Unternehmenszeitschrift zeigten den Arbeitern auf, wo auf der ganzen Welt ihre Produkte verwendet wurden und wie sich die eigene Firma gegen Wettbewerber durchsetzte. Faszination für die Produkte und ›Betriebsstolz‹ hervorzurufen, also die wichtigsten Ingredienzien der ›Werksverbundenheit‹ herzustellen, war das erklärte Ziel dieser ›Gefühlsarbeit‹.

Diese Bemühungen, eine lebendige Gemeinschaft zu erzeugen, um die Arbeiter zu begeistern und zu kraftvollen Leistungen anzuspornen, wurden während des Nationalsozialismus unmittelbar fortgesetzt. Das DINTA wurde in die Einheitsgewerkschaft des Nationalstaats DAF (Deutsche Arbeiterfront) überführt, wodurch sich die finanziellen Mittel potenzierten: Die DAF vergab verbilligte Kredite für alle baulichen Maßnahmen, die die Betriebe »zur zweiten Heimat der Schaffenden machen und sie so gestalten, dass der

Aufenthalt an der Arbeitsstätte als angenehm empfunden wird«.[16] Allein im Jahr 1938 erbauten über 10 000 Firmen Sportanlagen, 24 000 bauten Waschräume, und 17 000 investierten in Parkanlagen. Der Nationalsozialismus ergänzte die betrieblichen Freizeitangebote mit seinem eigenen Programm ›Kraft durch Freude‹ (KdF), das subventionierte Urlaubsfahrten organisierte. Die Deutsche Arbeitsfront hielt mit Sinn und Zweck dieser Bemühungen nicht hinter dem Berg:

»Der Führer hat einmal gesagt, daß er nur mit einem nervenstarken Volk große Politik machen kann. Die NS-Gemeinschaft ›Kraft durch Freude‹ will dieser Nervenstärkung dienen. Sie betreut den Schaffenden im Betrieb und am Feierabend und macht seinen Urlaub zu einer wirklichen Erholung. Richtige Erholung und gesteigerte Lebensfreude aber regen die Schaffenskraft an und sind damit in unserer Zeit des Kräftemangels wichtige Voraussetzungen für die Erreichung der politischen Ziele.«[17]

Dem Gefühl drückender Arbeitslast Lebensfreude entgegenzusetzen, sollte von der Weimarer Republik bis in die 1940er Jahre die Stoßrichtung der neuen unternehmerischen Gefühlsarbeit sein. Die diesbezügliche Haltung der Unternehmerschaft hatte sich in diesem Zeitraum komplett gewandelt: Negative Gefühle, Ressentiments und Aufbegehren wurden nicht länger als gegebenes, aber vernachlässigbares Übel betrachtet. Nun machte sie sich daran, das Innenleben ihrer Lohnempfänger aktiv zu managen, und entwarf Maßnahmenpläne, um ihre Belegschaft emotional aus dem oppositionellen Arbeiterblock zu lösen und an die Firma zu binden.

Dadurch veränderte sich das öffentlich transportierte Bild des Erwerbsarbeitsplatzes fundamental. Es wurde alles unternommen, um den Industriebetrieb nicht länger als Ort des mühseligen Schuftens unter düsteren Bedingungen erscheinen zu lassen. Die von der Werkszeitschrift bis über die betriebliche Urlaubsfahrt verbreitete Botschaft vermittelte eindringlich: Deine Arbeit ist zwar immer noch hart, aber wir sorgen für den Ausgleich. Der Betrieb garantiert dir eine behagliche Umwelt und schöne Freizeiterlebnisse. Und auch wenn deine Tätigkeit monoton ist, deine Produkte werden in der ganzen Welt gebraucht, sei deshalb ein selbstbewusster Mitarbeiter!

Der Weimarer Betriebssoziologe Goetz Briefs hatte 1931 die Entwicklungen seiner Zeit konzise eingeordnet: »Man entwickelt Maßnahmen zu Zwecken einer aktiven Interessierung des Arbeiters an der Leistung, und zwar nicht durch wirtschaftlichen Anreiz, sondern durch Entwicklung von Appell an ihr Gefühl, Anregung des Arbeitseifers und Leistungsstolzes.«[18]

In diesem Sinn war bis in die 1940er Jahre hinein ein entscheidender erster Schritt passiert, um die Erwerbsarbeit mit höherer Bedeutung zu versehen: Das Schaffen in einer wohlgestimmten Werksgemeinschaft wurde von den Unternehmen als Sinnangebot verkauft, welches die beschwerliche Arbeit über ihre reine Erwerbsfunktion hinausheben sollte. Die Zeitschrift *Der Arbeitgeber. Zeitschrift der Vereinigung der deutschen Arbeitgeberverbände* hatte bereits 1927 die hier zugrunde liegende Zielvorstellung ausgedrückt: »Der Arbeiter, der im Betrieb bei der täglichen Arbeit Arbeitsfreude empfindet und seelisches Wohlbefinden verspürt, wird auch in seiner Gesamteinstellung zu seiner Arbeit als Lebensaufgabe dadurch in positivem Sinne beeinflußt.«[19] Immer wieder betonten die Arbeitgeber ausdrücklich, dieses Wohlgefühl könne sich auch bei monotonen Tätigkeiten einstellen.

Arbeit als Lebensaufgabe lautete das Kontrastprogramm der Arbeitgeber zu dem der Gewerkschaften, die darauf beharrten, dass stumpfsinnige Tätigkeiten niemals das Sinnbedürfnis der Arbeiter befriedigen könnten. »Die Arbeitszeit muß herabgesetzt werden«, forderte ein vom Sozialpsychologen Hendrik de Man interviewter Arbeiter. »Wenn die Ausbeutung fiele, wäre dies schon heute möglich. Dann besteht die Aussicht, alle seelischen Störungen innerhalb des Betriebes außerhalb desselben wieder ins Gleichgewicht zu bringen.«[20] Mit diesem Impetus trat die Arbeiterbewegung für eine Reduzierung der Arbeitszeit ein, damit sich der Arbeiter außerhalb des Betriebes als Mensch genügend entfalten konnte. Die Arbeitgeber hingegen wollten den Firmenarbeitsplatz als Ort der Lebensfreude und nicht als Verhinderung derselben verstanden wissen. Noch war die Schlacht um die Bedeutsamkeit der Arbeit als Lebensmittelpunkt nicht geschlagen. Doch sollte sie in der zweiten Hälfte des 20. Jahrhunderts zugunsten der Arbeitswelt entschieden werden.

Der Ort persönlicher Entfaltung: 1940 –1960

Inmitten des Zweiten Weltkrieges nahm die Wissenschaft von den Gefühlen der Arbeitnehmer eine bedeutsame Abzweigung. Denn während des Krieges war die Arbeitsmoral auf ein Allzeittief gesunken. Unternehmen mussten ihren Facharbeitern bisweilen sogar sogenannte Faulheitszuschläge zahlen, wenn diese ihre Schlüsselposition in der Kriegsproduktion ausnutzten und ohne fürstliche Entlohnung ihr Werkzeug fallen ließen. Begehrte Facharbeiter forderten in Vertragsverhandlungen nur noch Nettolöhne. Und Krankmeldungen waren neben einer ohnehin hohen Fluktuation an der Tagesordnung.

Die Deutsche Arbeitsfront (DAF), die Zentralorganisation des Nationalsozialismus für alle Fragen der arbeitenden Bevölkerung, fand sich in einer misslichen Lage: Der Krieg erforderte beständige Produktionssteigerungen, die die Arbeiter nicht zu leisten bereit waren. So investierte die DAF gezwungenermaßen in neue Methoden der ›Menschenführung‹, die die kriegsmüde Arbeitsbevölkerung leistungswillig machen sollten. Zusammen mit dem Reichsforschungsrat und dem Luftfahrtministerium steckte sie ihre Finanzmittel zunächst in die Entwicklung neuer arbeitswissenschaftlicher Erkenntnisse. Ihr Hoffnungsträger war die Tiefenpsychologie, die ab den 1930er Jahren auch betriebliche Anwendungen versprach. Vor diesem Hintergrund wurde Hermann Görings Cousin, der therapeutisch fortgebildete Mediziner Matthias Göring, 1936 zum Leiter des Deutschen Instituts für Psychologische Forschung und Psychotherapie ernannt. Ab diesem Zeitpunkt erhielt das Institut, das informell ›Göring-Institut‹ genannt wurde, umfangreiche Mittel durch die DAF. Die Bereitwilligkeit, zum Kriegserfolg beizutragen, war dadurch gesichert. Matthias Göring verlas zum Auftakt des Kongresses ›Psyche und Leistung‹, der 1940 in Wien stattfand, das folgende Telegramm an Hitler: »Wir versichern Ihnen, mein Führer, auch auf unserem Gebiet alles einzusetzen, durch Stärkung der Arbeitsfreudigkeit die Wehrhaftigkeit und Leistung zu steigern.«[21]

Nachdem sich die Werksgemeinschaftsidee nicht als erfolgreich erwiesen hatte, die nötigen Kräfte für die Kriegsproduktion freizusetzen, richteten sich alle Bemühungen der DAF nun auf das Unbewusste als vermeintlichen Träger unerschlossener Kraft- und Willensreserven. Die Therapeuten des ›Göring-Instituts‹ vertraten nämlich die These, verminderte Arbeitsleistungen seien stets auf ungelöste, persönliche Probleme der Arbeiter zurückzuführen. Wären diese erst durch therapeutische Interventionen im Betrieb aufgelöst, würden sich die Arbeiter zu neuen Leistungshöhen aufschwingen. Auf selbiger Konferenz zu ›Psyche und Leistung‹ wurde das neue Paradigma proklamiert: »Auch hinter der banalsten Arbeitshemmung finden wir doch regelmäßig persönliche Gefühlskonflikte, die so stark auf ihre Lösung pochen, daß nur ein geringer Teil der Gedanken und der Kräfte für die äußere Leistung disponibel bleiben. Im Unbewußten müssen die Ansatzpunkte gefunden werden, die zur psychotherapeutischen Lösung der tiefsten Persönlichkeitsprobleme führen.«[22] Mit anderen Worten: Die ›Schwierigkeiten‹, die die Arbeiter verursachten, wurden nicht mehr als Auswüchse des Klassenkampfes gedeutet, sondern als Anzeichen psychischer Probleme unterstellt.

Eine der prominentesten Therapeutinnen aus dem ›Göring-Institut‹, Erika Hantel, schildert in ihrem Buch *Erfahrung einer Betriebspsychologin* den Fall einer kommunistischen Aktivistin, die in ihrer Firma stets für Aufruhr sorgte. Sie zeigte »Betriebsfremdheit« und bezeichnete Hantel in ihrer Funktion als Betriebspsychologin als »Spion«. Hantel bittet sie deshalb zu zahlreichen therapeutisch fundierten Einzelgesprächen und findet heraus, dass der Mann der Arbeiterin im Krieg umgekommen war und ihre Kinder erfroren waren. Hantel erklärt die Renitenz der Arbeiterin aus ebendiesen biografischen Umständen. Statt sich ihrer ›wahren‹ emotionalen Probleme zu stellen, ergehe sich die Arbeiterin in antikapitalistischen Tiraden. In der Folge bietet die Betriebspsychologin der Arbeiterin Hilfe und Unterstützung in ihren privaten Angelegenheiten an und zeigt ihr die Firma als einen Ort auf, an dem sie sich durch den Kontakt mit anderen Menschen emotional aufgehoben fühlen kann. Zufrieden beschreibt Hantel den Erfolg ihrer Gesprächstherapie mit den Worten: »Das Gift war weg.«[23]

Diese Episode ist paradigmatisch für den Weg, den die Arbeitswissenschaft nach 1940 nehmen sollte. Produktivitätsschwierigkeiten wurden ganz therapeutisch als Ausfluss zwischenmenschlicher Probleme gedeutet. Wer nicht gut mitarbeitete, musste sich unterstellen lassen, seine psychologischen Konflikte nicht gelöst zu haben. Gleichzeitig wurde der Arbeitsplatz als Ort der ›Heilung‹ ebendieser persönlichen Konflikte inszeniert: nämlich als ein Ort des ›Persönlich-angesprochen-Werdens‹ (wie es bei der Firma Siemens hieß), der Aussprache und der emotionalen Unterstützung durch die neu installierten Betriebspsychologen und betrieblichen Sozialarbeiterinnen. Wenn auf diese Art der ›Gefühlsknoten‹ des Einzelnen erst gelöst war, konnte er sich in und durch die Arbeit frei entfalten, so das Versprechen.

Im Geiste dieses Ansatzes konzipierten die Mitarbeiter des ›Göring-Instituts‹ 1942 die sogenannten Kohlhof-Gespräche, um Vorarbeiter und Meister großer Industriekonzerne in therapeutischem Wissen zu schulen. Diese mussten sich mehrere Tage in die Obhut der Psychotherapeuten begeben und zunächst in Einzelgesprächen ihre eigenen psychologischen Probleme bearbeiten; schließlich lernten sie, sich in die Biografien ihrer Mitarbeiter in der Firma empathisch einzufühlen und die ›wahren‹ Gründe für nicht produktives Verhalten ihrer Unterstellten zu ermessen. Zwischen

1942 und 1944 war die BASF eines der ersten Unternehmen, die ihre Meister und Vorarbeiter am ›Göring-Institut‹
schulen ließen. So mag die Schilderung des Programmver-
antwortlichen der BASF nicht verwundern: »Eine einge-
hende Untersuchung der stimmungsmäßigen Atmosphäre
in den Betrieben des I. G. Werkes Ludwigshafen ergab: Der
einzelne Arbeiter ist an seinem Arbeitsplatz nicht so zufrieden, da er nicht doch grundsätzlich sich von einer Änderung der Wirtschaftsordnung eine Erfüllung seiner aus
der marxistischen Erziehung hervorgegangenen Wünsche
versprechen würde. Dabei waren es nicht solche Mißstän-
de, die ihn drückten; es waren vielmehr höchst persönliche, subjektive Erlebnisse im täglichen Arbeitsleben, die
ihn die Arbeit hassen, den Arbeitsplatz fürchten und damit
das ganze Arbeitsverhältnis kritisch betrachten ließen. Es
waren Misshelligkeiten mit den Mitarbeitern, Unzufriedenheit mit den Vorgesetzten, die die tägliche Arbeit düster
verschleierten und belastend empfinden ließen.«[24] In dieser Logik war der politische Protest der Arbeiterschaft als
solcher nicht ernst zu nehmen, war er doch aus Sicht der
Unternehmen nun stets aus ungelösten psychischen Problemen geboren und aus dem Frust, den sich die Arbeiter
und Vorgesetzten untereinander durch zwischenmenschliche Reibereien bereiteten. Die zwischenmenschlichen
Beziehungen (oder: Human Relations, wie es in der Nachkriegszeit heißen sollte) zu verbessern, wurde daher zur
neuen Losung gegen ›antikapitalistische Ressentiments‹ im
Betriebsraum.

Während die Aktivitäten des ›Göring-Instituts‹ in den letzten beiden Kriegsjahren nicht mehr aufrechterhalten werden konnten, entwickelten die Therapeuten des Instituts nach dem Krieg ein weitreichendes Netzwerk: Sie bauten ihre Unternehmenskontakte weiter aus, unterrichteten Human Relations (HR) an Wirtschaftshochschulen und schrieben Aufsätze für zahlreiche Fachorgane im Personalmanagement-Bereich. Die treibenden Akteure des ›Göring-Instituts‹ gründeten nach dem Krieg die sogenannte ›Arbeitsgemeinschaft für Soziale Betriebsgestaltung‹ (ASB), die zu ihren Mitgliedern die größten deutschen Konzerne wie Siemens, die BASF, Bayer, Hoechst, Continental, Daimler-Benz und Mannesmann zählte. In den ersten 15 Jahren ihres Bestehens schulte die ASB über 40 000 Mitarbeiter dieser Unternehmen in HR-Fragen. Vom Vorarbeiter bis zum Personalchef war das gesamte Belegschaftsspektrum vertreten. Hinzu kamen gleichgeartete Schulungseinrichtungen wie das ›Forschungsinstitut für Arbeitspsychologie und Personalwesen‹, das bis 1957 20 000 Multiplikatoren psychologisch weiterbildete. Zusätzlich holten sich Großunternehmen wie Bayer externe Personalberater ins Haus, wie beispielsweise Professor Arthur Mayer von der Wirtschaftshochschule Mannheim, der vor leitenden Angestellten und Meistern das Konzept der Human Relations erläuterte: »Will der Betrieb die Bestleistung seiner Menschen erreichen, so gibt es zu diesem Ziel nur den Weg, dass er seinerseits ebenfalls das bestmögliche tut, um den in ihm tätigen Menschen zu helfen, durch ihre Arbeit im Betrieb zur reichsten Entfaltung ihrer personalen und sozialen Werte zu gelangen.«[25] Waren ›neurotische Störungen‹ des einzelnen Mitarbeiters erst erkannt und durch psychologisch fundierte Gespräche gebannt, würde diese Entfaltung stattfinden, so das Versprechen der Human Relations. Von dieser Methode versprach man sich solch hohe Leistungssteigerungen, dass den Siemens-Vorarbeitern die Richtlinie mitgegeben wurde, sie sollten 40 bis 50 Prozent ihrer Zeit in die ›menschlichen Grundbedürfnisse‹ ihrer Teammitglieder investieren. Sie sollten lernen, sowohl die Gruppendynamik in ihren Teams als auch die individuelle Psyche ihrer Mitarbeiter zu verstehen und bestmöglich zu befördern. Bei Siemens galt Ende der 1950er Jahre die Vorgabe, »daß jeder einzelne Mitarbeiter oder Vorgesetzte bereit ist, über seine einzelnen unmittelbaren Arbeitsnachbarn klar nachzudenken und sich ihnen gleichzeitig mitfühlend zuzuwenden. Mit dieser Einstellung greifen wir aktiv, d. h. formend in die menschlichen Beziehungen ein.«[26]

Weitere emotionale Unterstützungsarbeit leisteten die ›Betriebsfürsorgerinnen‹, die in der Funktion von Sozialarbeiterinnen in allen größeren Industrieunternehmen für persönliche Aussprachen zur Verfügung standen. Eine Siemens-Betriebsfürsorgerin schildert ihre Arbeit wie folgt: »Ein großer Teil meiner Arbeit besteht aus der Beratung und Betreuung von Mitarbeitern, die in seelische Schwierigkeiten geraten sind. Sie suchen den Rat und die Hilfe eines Menschen, von dem sie wissen, dass er sich an seine Schweigepflicht hält, und der über Verbindungen zu qualifizierten Fachleuten verfügt, die bei psychischen Problemen fundiert helfen können.«[27]

›Zuhören können‹ und ›die Aussprache suchen‹, das waren die Schlagworte der 1950er Jahre, um angestaute Schwierigkeiten zur Lösung zu bringen. Sie galten als Mantra für Vorgesetzte des mittleren Managements, Betriebspsychologen, Vorarbeiter und betriebliche Sozialarbeiterinnen. Die nun herrschende Logik fasste die Bundesvereinigung der Deutschen Arbeitgeberverbände wie folgt zusammen: »Das wichtigste Mittel der Verständigung und des Kontaktes ist das Gespräch. Es ist zugleich Mittel zum Zweck und Selbstzweck; es ist Grundform einer Therapie und Weg zur Erkenntnis. Menschliche Zuwendung durch das Gespräch ist ein Grundbedürfnis des Menschen, auch im Betrieb, am Arbeitsplatz. Dem Rechnung zu tragen, erfordert Nachdenken und Aufmerksamkeit dem Mitmenschen gegenüber und kostet kein Geld.«[28]

Befördert wurden die therapeutischen Gesprächsmethoden nach 1945 auch durch den Einfluss amerikanischer Personalmanagement-Theorien, die von deutschen Unternehmern mit großem Interesse aufgenommen wurden. Ein Teil der amerikanischen Marshall-Fund-Mittel zum Wiederaufbau von Unternehmen war sogar explizit daran gebunden, dass der konservativere Teil der Unternehmerschaft sich dem HR-Wissen öffnete und seine Mitarbeiter entsprechende Kurse besuchen ließ – das amerikanische Programm hierfür hieß ›Training within Industry‹ (TWI). Aber auch ohne diesen Anreizmechanismus war US-amerikanisches HR-Management à la mode. Deutsche Unternehmer zeigten sich beeindruckt, dass es in US-Firmen weder Arbeitskämpfe noch Mitbestimmungsforderungen gab. Auch konnte der amerikanische Arbeiter für einen Achtstundentag die 1,5-fache Menge an Konsumgütern von seinem Gehalt kaufen. Das ›Rationalisierungskuratorium der deutschen Wirtschaft‹ – ein Dachverband der Rationalisierungsbemühungen in deutschen Firmen – führte diese Überlegenheit der amerikanischen Industriebeziehungen auf die ›Club-Kultur‹ in den Unternehmen zurück, in denen angeblich der Betriebsleiter ohne Weiteres mit dem einfachen Arbeiter Golf spielte. Unmittelbar nach dem Krieg traute man den Amerikanern deutlich eher zu, konstruktiv auf die Arbeitnehmer zuzugehen. Ein Bestseller der Nachkriegszeit, erschienen unter dem Titel *Unternehmer gehen zur Schule. Ein Erfahrungsbericht aus den USA* (1952), bekräftigte eben jenes Bild und diente unmittelbar als Vorbild. Sein Autor, Ludwig Vaubel, war einer der ersten Deutschen, die an der Harvard Business School studiert hatten. Er arbeitete nach seiner Rückkehr für die Bundesvereinigung der Deutschen Arbeitgeberverbände und für ›Den Neuen Betrieb‹, eine Vereinigung zur Beförderung des Human-Relations-Wissens in Deutschland. Vaubel empfahl in seinem Buch, »durch laufende menschliche Fühlungnahme Schwierigkeiten im menschlichen Aufbau aufzufinden und für Abhilfe zu sorgen«. Das A und O sei »die Entwicklung eines menschlichen Kontaktes durch Aussprache. Die Kunst des Heraushörens der wirklichen

Hintergründe: Der Versuch zu verstehen, was der andere wirklich will und ausdrücken möchte. Denn wichtiger als das, was an der Oberfläche ausgesprochen wird, sind häufig die Motive und die psychologischen Hintergründe.«[29]

Sowohl deutsche als auch amerikanische HR-Ansätze hatten gemein, dass sie darauf abzielten, die ›Betriebsatmosphäre‹ aufzuhellen, weil sie davon ausgingen, dass eine Verbesserung der zwischenmenschlichen Beziehungen enorme Produktivkräfte freisetzen würde. So richteten Unternehmen ›Aussprachegruppen‹ ein, bei denen sich Mitarbeiter regelmäßig dazu äußern konnten, wie sie sich im Betrieb fühlten. Auch die Firma Siemens zeigte sich überzeugt von deren positiver Wirkung:

»Ziel und Zweck der Arbeitsgemeinschaft ist es, zur Auflockerung der menschlichen Beziehungen im Betrieb und zur Verbesserung des ›Betriebsklimas‹ beizutragen. Sofern innerbetriebliche Schwierigkeiten seelischer Art zur Sprache kommen, ist darauf hinzuweisen, dass mitunter schon die Tatsache der ›Aussprache‹ schwebende Konflikte glätten oder lösen helfen kann.«[30]

Große Unternehmen wie Siemens unterhielten überdies betriebspsychologische Dienststellen. Die angestellten Psychologen standen zum einen als Gesprächspartner zur Verfügung. Zum anderen beobachteten sie auch systematisch die Arbeitsgruppen und analysierten, welche Richtwerte für das Zustandekommen positiver Zusammenarbeit ausschlaggebend waren.

Die HR-Bemühungen waren in der Nachkriegszeit die unternehmerische Antwort auf die zeitgenössischen Mitbestimmungsforderungen. In dieser Zeit forderten Gewerkschaften und Betriebsräte vehement, nicht nur bei ›weichen‹, sozialen Themen mitbestimmen zu dürfen, sondern auch ein Wort bei der Produktpreisfestsetzung, der Gewinnverteilung und der Betriebsplanung mitzureden. Demgegenüber betonte der Bund der Arbeitgeber 1953: »Nicht eine das Wesen des Betriebes missverstehende Demokratisierung, sondern die Humanisierung, die Wahrung der Menschenwürde und die Pflege der Persönlichkeitswerte der Mitarbeiter bilden den Inhalt unserer sozialen Betriebsgestaltung.«[31] Wer sich also wohl und emotional angenommen fühlt, fordert nicht mehr Mitsprache, so das Kalkül.

Die Betriebspsychologin Erika Hantel, die sowohl im ›Göring-Institut‹ tätig gewesen war als auch nach 1945 in der ASB verschiedene Unternehmen beriet, verstand ihre Tätigkeit genau in diesem Sinn. Sie empfahl den Unternehmen »ein schützendes, pflegendes, förderndes und entwickelndes Interesse am anderen in einer Zeit, in der die Lösung der sozialen Frage von einem Zuwachs von Rechten auf der Seite des Arbeitsnehmers abzuhängen scheint«.[32] In ihren Büchern erzählte Hantel von zahlreichen Beispielen ihrer betriebspsychologischen Arbeit, bei denen aus gewerkschaftsnahen »Beunruhigern« wertvolle Betriebsmitglieder wurden, wenn man sie nur förderte und durch persönliche Ansprache in die täglichen Abläufe einband. Die Beispiele reichten von ressentimentgeladenen »Hetzern«, die nach einer Weiterbildung »eingeordnet« waren, bis hin zu Arbeiterinnen, die in Malkursen ermutigt wurden, ihren Talenten zu folgen, um sich schließlich »seelisch bereichert« auch in der Firma zu »wertvollen Leistungen« emporzuschwingen. Stets galt es, den ›tiefer liegenden Gefühlsknoten‹ zu lösen und eine enge Fühlungnahme mit dem Mitarbeiter aufzunehmen. Dieses Rezept der ›Human Relations‹ sollte gegen Unruhestifter, betriebsrats- und gewerkschaftsnahe Arbeitnehmer wirken und für die richtige ›Betriebsatmosphäre‹ sorgen.

Im Zentrum der HR-Programmatik stand es, den Arbeitsplatz als einen wohlgesinnten, integrativen Ort erscheinen zu lassen. Das Sinnangebot, das die Unternehmen der 1950er Jahre dem Arbeiter präsentierten, war deutlich von vorangegangenen Versuchen unterschieden, den Arbeiter emotional ›mitzunehmen‹: Während die Werksgemeinschaftsbewegung der 1920er Jahre noch die Faszination für die Produkte beschworen hatte und dem Arbeitnehmer ein Zuhause im Betrieb bieten wollte, hatten die Nationalsozialisten während des Krieges zuvorderst darauf hingearbeitet, dass sich die Arbeitnehmer als treue und pflichtbewusste Soldaten an der produktiven Front der ›Materialschlacht‹ des Zweiten Weltkriegs fühlten. Die Anrufung solcher kollektiven Verpflichtungsgefühle hatte naturgemäß mit dem Ende des Krieges ihre Beschwörungskraft verloren. An die Leistungsbereitschaft wurde nun mit einem anderen, immateriellen Ziel appelliert. Ein Arbeitsplatz, so die neue Rhetorik, war an und für sich ein Gewinn für die persönliche Entwicklung. Diese Werthaltigkeit beschrieb der Industriepädagoge Otto Merckle auf der Tagung des Rationalisierungskuratoriums der Deutschen Wirtschaft 1958 anschaulich:

»Erst als wir den Arbeitsplatz zur Person mit eigener Aussage machten, erst da kam der ganze Inhalt und Wert eines Arbeitsplatzes, seine vielfältigen Beziehungen zum Ausdruck. (...) Die Sozialtugenden Fleiß, Ehrlichkeit, Anständigkeit, Treue, Hilfsbereitschaft, Verantwortungsbereitschaft zeigten sich an konkreten Arbeitsvorgängen am Arbeitsplatz. (...) Wird dem einzelnen im Betrieb bewusst gemacht, dass es der Arbeitsvollzug ist, der seine Fähigkeiten und seine Begabungen in Anspruch nimmt, sie entwickelt, pflegt und erhält und ihm damit seinen Arbeitsplatz sichert, dann kommt es zu bewusstem Tun und Handeln, zum personenhaften Arbeitsvollzug. Seine Anstrengungen werden bewusst vollzogen, da sie ihm in der Betriebswelt nicht mehr nur zweckmäßig erscheinen, sondern auch sinnvoll für ihn.«[33]

Wenn sich der Arbeiter nun noch bewusst machte, dass die Tätigkeit auch seinen Charakter bildete, dass er am Arbeitsplatz von empathischen Vorgesetzten als ganzer Mensch ›gepflegt‹ wurde und sich eine strukturierte Tätigkeit förderlich auf die persönliche Entfaltung auswirkte, dann hatte der konkrete Arbeitsplatz die negative Konnotation vergangener Jahrzehnte endlich verloren. Es galt als Aufgabe der betrieblichen Vorgesetzten, den Arbeitnehmern diese persönliche Werthaltigkeit des Arbeitsplatzes zu vergegenwärtigen. »Im menschlichen Bereich heißt führen, einem Menschen dazu zu verhelfen, dass er sich, d. h. seine Werte und Fähigkeiten entfalten kann«[34], definierten zeitgenössische Schulungsmaterialien für Industriemeister zu Beginn der 1960er Jahre.

Als begleitende Fortbildungsmethode wurden Filmaufzeichnungen eingesetzt, anhand derer die Meister oder Vorarbeiter ihr eigenes Verhalten in Gruppensituationen beobachten und analysieren sollten. Zwischenmenschliche Sensibilität und Selbstreflexion waren damit lange vor Golemans ›Erfindung‹ der *Emotional Intelligence* (1996) zum Lernziel industriepsychologischer Schulungen geworden – sie wurden allerdings noch nicht wie heute als bereits kultivierte Eigenschaft vom Bewerber erwartet.

Dass es sich lohnt, wenn sich die Mitarbeiter in ihrer eigenen Haut wohlfühlen und mit ihren Kollegen gern zusammenarbeiten, war bereits der Kerngedanke der Human-Relations-Bewegung der 1950er Jahre. Einer der Protagonisten der HR-Lehre in Deutschland war Guido Fischer, Professor für Betriebswirtschaft an der Universität München, wo er das Institut für Betriebliche Sozialpraxis gegründet hatte. Er war Mitherausgeber der Zeitschrift *Mensch und Arbeit*, die wiederum die Mitgliedsfirmen der ASB kostenfrei bezogen und die eng mit dem Rationalisierungskuratorium der Deutschen Wirtschaft verbunden war. Fischers Schüler unterrichteten häufig Seminare zu HR-Themen in den Mitgliedsfirmen der ASB. Fischer, der gleichzeitig in der Nachkriegszeit das einschlägige Handbuch für Personalführung herausgegeben hatte, stellte klar, dass es sich hier keineswegs um ein wohltätiges Unterfangen von Unternehmensseite handelte: »Der Mensch ist mit seiner Arbeitsleistung die Voraussetzung für jede Kapitalwirkung im Betriebe und in der Wirtschaft. Immer mehr dringt diese Grundwahrheit auch in die Erkenntnisse des wirtschaftenden Menschen ein. Der humanistische Kapitalismus will bewußt vor allem die menschliche Arbeitskraft und den Menschen selbst pflegen, um die menschliche Arbeitsleistung im Interesse des Betriebes und der Wirtschaft, also auch im Interesse der Kapitalverzinsung und des Gewinnstrebens zu erhöhen.«[35]

Dieser Gedanke war im ersten Nachkriegsjahrzehnt ganz in den Unternehmen angekommen. 1958 veröffentlichte das Rationalisierungskuratorium der deutschen Wirtschaft den Text *Sorgen eines Personalleiters*, der die Durchwirkung von ökonomischem und emotionalem Kalkül unmittelbar wiedergab: »Wer es vernachlässigt, die Persönlichkeit des einzelnen zu gewinnen, und wer die Bedeutung der inneren Einstellung eines Menschen zu seiner Arbeitsaufgabe nicht berücksichtigt, bekommt nicht nur bloß einen Teil von dessen Arbeitskraft, sondern schädigt im Grunde die Entfaltung seiner Mitarbeiter und sich selbst.«[36]

All diese betrieblichen Bemühungen blieben nicht ohne Effekt: Durch die Human-Relations-Schule hatte die Erwerbsarbeit in ihrer öffentlichen Darstellung eine enorme Aufwertung erfahren. Der Arbeitsplatz im Unternehmen wurde als der Ort vermittelt, an dem das potenziell neurotische Nachkriegsindividuum Halt finden konnte und an dem es über seine verknoteten Emotionen durch Aussprachen mit Betriebspsychologen, Kollegen und Vorgesetzten hinwegkommen konnte.

Eine strukturierte Tätigkeit in einem wohlwollenden Umfeld konnte befreiend für den Einzelnen wirken, so die Botschaft. Alle emotionalen Störfaktoren – von negativen biografischen Erfahrungen oder ›Entwicklungshemmungen‹ bis hin zu kleinen und großen Unsicherheiten im Alltag – galt es, in einem unterstützenden Arbeitsumfeld zu bannen, damit sich das Individuum frei entfalten konnte. In der Lesart der Tiefenpsychologie banden unterbewusste Konflikte zu viele Energien. Diese Energien freizusetzen würde sowohl dem Mitarbeiter helfen als auch der Firma neue Leistungszuwächse bescheren. Der Arbeitsplatz war somit nicht mehr das Problem und die Ursache negativer Gefühle, er war vielmehr der Ort ihrer therapeutischen Heilung geworden.

Der letzte Schritt in dieser fortdauernden Aufwertung von Erwerbsarbeit war nun das Aufkommen des Human-Resources-Paradigmas in den späten 1960er Jahren: Es schloss jenen historischen Prozess im 20. Jahrhundert ab, der die Arbeit von einem mühseligen Übel über eine heilsame Instanz hin zu einem Medium der Selbstverwirklichung machen sollte.

Selbstverwirklichung ab den 1960er Jahren

»Was ist der einfachste, sicherste und direkteste Weg, damit jemand eine Aufgabe erledigt? Ihn fragen? Wenn die Person aber nicht möchte, dann muss man eine psychologische Beratung hinzuziehen, um die Ursachen zu klären. Dem Menschen einen finanziellen Anreiz geben? Ich muss den Leser nicht erinnern, wie komplex und diffizil es ist, ein monetäres Anreizsystem auszutüfteln. Die Aufgabe der Person beibringen? Das erfordert ein kostenintensives Trainingsprogramm. Wir brauchen einen einfachen Weg.«[37]

Mit diesem Fragefanal pflegte der Begründer der Motivationstheorie, Frederick Herzberg, seine Vorträge vor seinem unternehmerischen Publikum in den USA zu eröffnen. Die Antwort, die er für sein Publikum bereithielt, war nichts weniger als ein vernichtendes Urteil für die bis dato dominierende Human-Relations-Schule. In Herzbergs Augen hatten sich die bisherigen HR-Experten bei ihrem Bemühen um erhöhte Arbeitsleistungen völlig auf die falschen Faktoren kapriziert: nämlich auf den Umgang mit den Arbeitnehmern, Kommunikationsschulungen und psychologische Beratungen. Human Relations – also die Verbesserung der zwischenmenschlichen Beziehungen im

Betrieb – würden noch keine Arbeitsmotivation hervorbringen. Was der Mensch tatsächlich brauche, um produktiv zu sein, war laut Herzberg »a generator of one's own« – ein eigener Antrieb. Die Firmen sollten sich daher mit der Frage beschäftigen, wie man dem Einzelnen einen solchen Antrieb ›einpflanzen‹ könne – »how to install a generator in an employee«.[38]

Um herauszufinden, durch welche Faktoren Menschen den höchsten intrinsischen Antrieb entwickelten, fragte er weltweit Arbeitnehmer nach den Momenten, die sie in der Arbeit am positivsten und am negativsten empfunden hatten. Mit der Auswertung der Umfragen stellte Herzberg die bisherigen Annahmen der Personalexperten auf den Kopf. Er präsentierte ein völlig neues Konzept, wie der Gefühlshaushalt der Arbeitnehmer ›tatsächlich‹ funktionierte: Die sogenannten Hygienefaktoren machten laut Herzberg den Menschen unzufrieden, wenn sie fehlten. Hierzu zählte er die materielle Absicherung, die Beziehungen zu Mitarbeitern und Vorgesetzten, das Gehalt, die Arbeitsbedingungen und die Betriebsorganisation. Auf all diesen Gebieten könnten Unternehmen nur ›Maluspunkte‹ sammeln, nicht jedoch die Mitarbeiter dazu anregen, mehr zu leisten. Anders verhielt es sich bei den ›Motivationsfaktoren‹. Bei diesen Faktoren sei es möglich, positive und damit produktivitätssteigernde Arbeitsgefühle hervorzurufen: Herzberg zählte zu ihnen das Gefühl des ›Achievement‹ (also das Erreichen von Zielen) und die Übernahme von Verantwortung sowie berufliches Fortkommen und Persönlichkeitswachstum. Dies sei der fruchtbarste Boden für ›Job Satisfaction‹.

Durch die Einführung seines ›Zweifaktorensystems‹ (wie es noch heute in Personalhandbüchern genannt wird) verschob Herzberg den Fokus der Gefühlsarbeit weg von den Begleitumständen der Arbeit hin zum Design der Arbeitsinhalte. Sie sollten komplexer gemacht werden – ›Job Enrichment‹ war Herzbergs Stichwort. Waren die Aufgaben anspruchsvoller, so würden sie dem Arbeitnehmer »psychologisches Wachstum« und damit positive Emotionen ermöglichen, so Herzberg. Darunter verstand er die Ausnutzung des persönlichen »Potenzials« und die Fähigkeit, mit unsicheren und wechselnden Situationen effektiv umgehen zu können. Der Arbeiter sollte regelmäßig neue Anforderungen bekommen, die er zuvor noch nicht gemeistert hatte. Wer sich ein wenig ›strecken‹ muss, so die Theorie, der wächst über sich hinaus und fühlt sich gut dadurch. Wer hingegen zu viel in Routinetätigkeiten feststeckte und keine Ambiguität ertrug, legte Herzberg zufolge »passives« und »kindisches« Verhalten an den Tag.[39] Sein Ideal war der unentwegt steigerungsfähige Mitarbeiter, der sich von Komplexität positiv herausgefordert fühlte, statt sich in der Routine einzurichten.

Jedoch standen all diese Vorschläge für die ›Job Satisfaction‹ unter einem klar ökonomistischen Vorbehalt: Herzberg ging es nicht darum, die Industriejobs der 1970er Jahre für die Arbeitnehmerschaft angenehmer zu gestalten. Es sollte vielmehr eine revolutionäre Personalmanagement-

Methode geschaffen werden, die massives Einsparungs-
potenzial versprach. Deshalb entwickelte Herzberg auch
sehr genaue Vorgaben, welche ›Jobs‹ man gemäß seiner
Zwei-Faktoren-Theorie mit komplexeren Inhalten anrei-
chern sollte:»Wählen Sie die Jobs aus, bei denen (a) das In-
vestment in anderen Produktionsabläufe nicht allzu hoch
ausfällt, (b) in denen die Stimmung schlecht ist, (c) bei denen die Verbesserung der Hygienefaktoren sehr teuer wäre,
und (d) bei denen höhere Motivation eine Leistungssteigerung erwarten lässt. Vermeiden Sie die Beteiligung jener Arbeitnehmer, deren Jobs komplexer gemacht werden sollen.
Nicht alle Jobs können, nicht alle Jobs sollten angereichert
werden. Wenn man nur einen kleinen Teil des Geldes, das
derzeit für Hygienefaktoren ausgegeben wird, in das Job
Enrichment fließen lässt, wäre der ökonomische Gewinn
eine der größten Dividenden, die die Industrie und die Gesellschaft je durch Personalmanagement erlangt haben.«[40]

In den USA blieb es nicht bei diesen theoretischen Überlegungen. In den 1960er Jahren starteten die ersten Feldver-
suche in Unternehmen, die den Arbeitern im Rahmen neuer Produktionsabläufe mehr Verantwortung übertrugen.
   Diese Experimente beflügelten die Personalmanager in
den USA und Deutschland gleichermaßen. Eine deutsche
Arbeitswissenschaftlerin berichtete ihren Fachkollegen begeistert von einem Experiment einer amerikanischen Firma mit einer Gruppe von zwölf Montiererinnen im Jahr
1964:»Für die Dauer eines Jahres wurde jedem Mädchen

die Montage eines ganzen Apparates, einschließlich Kontrolle, Verpackung und eventuell anfallender Korrespondenz, übertragen. Die Produktion war nach vier Monaten höher als je zuvor, die Kosten durch Fehler und Materialverschwendung waren gesunken. Anscheinend ist das Erfolgserlebnis, selbständig schalten und walten zu können – ein Leistungsansporn, der dem Betrieb Kräftereserven erschließt. Das hieße also, um produktiver zu werden, müßte es dem Betrieb angelegen sein, das Erfolgserlebnis in der Arbeit für die Arbeiterin zu fördern, sei es durch mehr Selbständigkeit oder größere Verantwortung.«[41]

Einige Jahre später fanden dementsprechende Testläufe unter selbigem Stichwort ›Job Enrichment‹ auch in Deutschland statt. Die *Süddeutsche Zeitung* berichtete 1974 über ein gelungenes Experiment mit Industrielochern: »Der Ansatz der Aufgabenerweiterung geht mit der Zusammenfassung strukturell verschiedenartiger Arbeitsverrichtungen zu einer größeren und ›sinnvolleren‹ Handlungseinheit von den Bedürfnissen nach Selbstverwirklichung aus. Jeder Maschinenbediener übernahm die volle Verantwortung für seine Arbeitseinheit, d. h. für Aufstellen und Einhalten der Arbeitsplanung, für Genauigkeit, Zeitkontrollen usw. Die Fehlzeitenrate ging um 24 Prozent zurück, die Fehlerquote ging während des Versuchszeitraums um 35 Prozent zurück, die Leistung pro Arbeitsstunde stieg um 30 Prozent.«[42]

In Deutschland war ein zentraler Multiplikator dieser neuen Personalmanagement-Techniken wiederum das Rationalisierungskuratorium der Deutschen Wirtschaft. In seinen regelmäßig erscheinenden *RKW-Beiträgen zur Arbeitswissenschaft* brachte es deutsche Firmen auf den neuesten Stand der experimentellen Forschung zum Job Enrichment. 1976 kam das RKW zu dem Schluss: »Empirische Untersuchungen führen zu dem Ergebnis, daß vor allem den Bedürfnissen nach Selbstverwirklichung und Persönlichkeitsentfaltung bei den heutigen Arbeitsbedingungen unzureichend Rechnung getragen wird. Im Rahmen umfangreicher Befragungen wurde ermittelt, daß seit 1966 zunehmende Unzufriedenheit mit den Methoden, die Arbeit durch Human-Relations-Maßnahmen, bessere Bezahlung, bessere Sozialleistungen, mehr Urlaub, mehr Information etc. attraktiver zu gestalten, auftritt. Dadurch wird deutlich, daß die herkömmlichen Maßnahmen, individuelle Bedürfnisse der Arbeitnehmer bei der Arbeitsgestaltung zu berücksichtigen, von Grund auf neu durchdacht, verändert und durch neue, aufgabenbezogene Gestaltungsmaßnahmen ergänzt werden müssen.«[43]

Das unternehmernahe RKW war Herzbergs Vorschlägen wohlgesonnen, vor allem, da sie mit hohen Einsparpotenzialen lockten. In den Arbeitswissenschaften jedoch wurde Herzbergs Theorie der Arbeitsgefühle von vielen Forschern kritisch gesehen. Sie unternahmen Folgeuntersuchungen, um zu testen, ob Herzbergs Studienergebnisse tatsächlich valide waren, und kamen häufig zu anderen Ergebnissen. Allein die Verwendung einer anderen Methode zur Befragung von Arbeitnehmern hatte zu abweichenden Ergebnissen geführt. Manche Arbeitswissenschaftler bezweifelten, dass alle Mitarbeiter umstandslos für die freieren und Flexibilität verlangenden Tätigkeiten geeignet seien. Und dass ständig komplexere Anforderungen sie glücklich machen würden. Nach Testläufen mit herausforderungsreicheren Produktionsabläufen sprach sich oft nur »die Hälfte der Mitarbeiter in Werkstätten für die neuen Arbeitsformen aus«.[44] Das Institut der Deutschen Wirtschaft gab 1974 in einer Publikation zur Qualität des Lebens am Arbeitsplatz die folgende unklare Datenlage zu bedenken: »Über die Problematik einer möglichen Diskrepanz zwischen den erhöhten Leistungsanforderungen an die Arbeiter und ihrer vorhandenen Leistungsfähigkeiten scheiden sich zur Zeit noch die Meinungen, die Vorurteile und die Erfahrungen, denn nicht alle Experimente sind positiv verlaufen. In starker Verallgemeinerung herrschen die beiden folgenden extremen Grundauffassungen vor: 1. Durch einen Erziehungsprozeß, insbesondere die Ausbildung des richtigen Bewußtseins, lasse sich jedermann für Arbeitserweiterung beziehungsweise Arbeitsbereicherung ausbilden. 2. Die Mehrzahl der bei repetitiver Arbeit Tätigen möchte gar nichts anderes tun und fühle sich dabei wohl.«[45]

Für die betriebliche Praxis erwiesen sich diese Forschungsdebatten als unerheblich. Der Charme von Herzbergs Theorie lag darin, dass sie leicht zu verstehen und anzuwenden war. Das komplexe Bild, das die Motivationsforschung in den Arbeitswissenschaften bot, wurde von Herzberg auf einige überschaubare Handlungsempfehlungen reduziert.

Firmen nahmen diese neue Theorie effizienten Arbeitens dankbar an, denn sie befanden sich just zum Erscheinens von Herzbergs Theorie in einer schwierigen Lage: Die wachsende internationale Konkurrenz in den 1970er Jahren erzeugte Druck auf die Unternehmen, eine größere Zahl verschiedener und komplexerer Produkte in kürzerer Zeit anzubieten. Für diese neuen Anforderungen waren jene Angestellten nicht mehr geeignet, die nur eine Routinetätigkeit ausführen mochten. Sie machten zudem das Produktionssystem störanfälliger: Wer nur wenige spezialisierte Handgriffe beherrschte, blockierte sofort die Herstellungskette. Damit die Produktion flexibler und schneller reaktionsfähig werden konnte, mussten folglich die Arbeitnehmer flexibler werden: Nur wer mehrere Arbeitsschritte ausführen konnte und die Ergebnisse eigenständig kontrollierte, war für Unternehmen, die schnell auf Konkurrenzdruck reagieren mussten, ein Gewinn. Ein Arbeitswissenschaftler monierte kritisch, »daß nicht zunächst neue sozialwissenschaftliche Erkenntnisse, sondern die Notsituationen und Sachzwänge die Triebfedern für das Handeln der Unternehmen waren«.[46]

Wechselnde Herausforderungen sollten »die Arbeitsmotivation erhöhen, Selbstverwirklichung ermöglichen«, aber auch »die Flexibilität des Arbeitssystems erhöhen und die Wirtschaftlichkeit vergrößern« – so das Rationalisierungskuratorium der Deutschen Wirtschaft im Jahr 1976.[47] Es schien eine Win-win-Situation geschaffen: Arbeitnehmer, so die neue Human-Resources-Theorie, brauchten mehr Abwechslung im Produktionsablauf, und die Firmen brauchten dringend multifunktionsfähige Mitarbeiter.

In der Folge wurden hierarchische Kontrollstrukturen abgebaut, ›Delegieren‹ lautete das neue Zauberwort der Management-Wissenschaft. Die bis dato übliche Trennung von planender, ausführender und kontrollierender Tätigkeit wurde so weit wie möglich zugunsten selbstverantwortlicher Arbeitseinheiten aufgehoben. Ein perfektes Umsetzungsbeispiel für Job Enrichment und die vermeintlichen emotionalen Gewinne dieses Arbeitsmodells bot der Autokonzern Fiat: »In der Fließfertigung kennt man schon immer den Springer, jenen Fachmann, der mehrere Arbeitsplätze beherrscht. Er springt bei Störungen ein, die durch den Ausfall eines Mannes an einer Station entstehen können. Bei Fiat wurden die Mitarbeiter an mehreren neuen Arbeitsplätzen angelernt, bis sie alle Tätigkeiten eines Produktionsabschnittes beherrschten. Für den einzelnen Mitarbeiter liegt der Vorteil in der vielseitigen Tätigkeit, die Selbstbestätigung und Anerkennung verschafft.«[48]

Die neue Gleichung von den Arbeitsgefühlen – Herausforderung = Glück = Leistungsstärke – hatte sich innerhalb weniger Jahre durchgesetzt. Zehn Jahre nach Herzbergs Aufsatz, im Jahr 1976, publizierte das Institut für Angewandte Arbeitswissenschaften in seiner *Zeitschrift für Unternehmenspraxis* einen vernichtenden Abgesang auf die bislang vorherrschende Personalmanagement-Schule: »Die Human Relations Bewegung mit ihrer Annahme, ein zufriedener Mitarbeiter müsse notwendigerweise ein leistungswilliger sein, ist abgetan.«[49]

Statt Human Relations galt nun der Human-Resources-Ansatz als ›state of the art‹. Die *Harvard Business Review* hatte bereits 1965 einen Aufsatz unter dem Titel *Human Relations or Human Resources?* publiziert, der in der deutschen Arbeitswissenschaft breit rezipiert worden war. Statt auf wohlige zwischenmenschliche Beziehungen (Human Relations) für den Arbeitserfolg zu setzen, sei es nun an der Zeit, die ›Ressourcen‹ des Einzelnen für die Leistung zu aktivieren, seine Wünsche, seine Talente, seine Kreativität, kurzum: alle nur irgend vorhandenen Kapazitäten.

Der Wechsel zum Human-Resources-Konzept stellte in mehrerlei Hinsicht eine epochemachende Veränderung dar: Zum einen verschob sich die Quelle der Leistungserzeugung vom Unternehmen zum Einzelnen. Bis zu den 1970er Jahren war man noch davon überzeugt, die Arbeits*umstände* so förderlich wie möglich gestalten zu müssen: von den Fabrikräumen bis zu den Sozialleistungen und der Herstellung einer guten Betriebsatmosphäre. Mit dem Human-Resources-Paradigma geriet der Arbeitnehmer selbst immer mehr in den Fokus: Im Zentrum der neuen ›HR‹ standen seine Lernbereitschaft, sein ›Entwicklungspotenzial‹ und seine ›Anpassungsfähigkeit‹. Die Leistungssteigerung wurde also nicht mehr von guten betrieblichen Bedingungen erwartet, sondern von der produktiven Verschmelzung des Einzelnen mit seiner angereicherten und vorgeblich bereichernden Tätigkeit.

Die zweite Neuerung – die Idee einer Motivation durch die Aufgabe an sich – bedeutete nicht weniger als eine kleine Revolution im herrschenden Arbeitsverständnis, denn: In der ersten Hälfte des 20. Jahrhunderts war man davon ausgegangen, dass die Erwerbsarbeit dem Menschen an sich nichts geben konnte. Ihre Mühen mussten durch eine behagliche Werksgemeinschaft, Freizeitfahrten, Werkswohnungen, Sportanlagen, betriebseigene Kaufhäuser oder Erholungsheime ausgeglichen werden, um Zufriedenheit in das Herz des Arbeiters einziehen zu lassen. Nun war erstmals in den Arbeitswissenschaften die Rede davon, dass die gewerblichen Tätigkeiten den Arbeitnehmer per se begeistern konnten, dass sie (statt nur ermüdend und ausgleichsbedürftig) gar spannend für ihn waren. Zum ersten Mal wurden ökonomische Notwendigkeiten und emotionale Bedürfnisse der Mitarbeiter nicht mehr als gegensätzlich aufgefasst, sondern als wechselseitig befruchtend. Die Deutsche Gesellschaft für Personalführung fasst auf einem Kongress 1969 den HR-Ansatz wie folgt zusammen: »Die Entwicklung von Mitarbeitern ist die Voraussetzung dafür, dass das Unternehmen in einer sich schnell wandelnden Umwelt bestehen kann. Sie vermittelt dem Mitarbeiter Befriedigung seines elementarischen Bedürfnisses nach Selbstverwirklichung«[50] – so weit die konfliktfreie Theorie.

Wenn die Gleichung – Selbstverwirklichung = Firmenwachstum – in der Praxis nicht automatisch aufgehen wollte, galt es nachzuhelfen, erklärte selbige Gesellschaft für Personalführung: »Eine hohe Sachleistung und die Zufriedenheit der Mitarbeiter können in unserem Kulturkreis nur erreicht werden, wenn es gelingt, die Mitarbeiter so zu motivieren, daß sie ihre persönlichen Ziele in jene des Unternehmens integrieren.«[51]

Hierin scheint die ganze Ambivalenz der neuen Personaltheorie auf. Einerseits entspreche es der Natur des Menschen, Herausforderungen und Selbstverwirklichung in der Arbeit zu suchen. Andererseits aber musste der Arbeitnehmer immer wieder in diese ihm vermeintlich eigene Richtung ›bearbeitet‹ werden.

Dieser Erziehungsprozess wurde schon in der Berufsschule aktiv eingeleitet. So legt das *Lehrbuch Betriebspsychologie* aus dem Jahr 1974 im Hinblick auf die zu unterrichtenden Achtklässler als Ziel fest, »dass der arbeitende Mensch sich bei seiner beruflichen Tätigkeit wohl fühlt. Die pädagogische Aufgabe besteht dann darin, dem Menschen, in unserem Fall dem jungen Menschen, Denkmöglichkeiten zu vermitteln, die es ihm gestatten, diesen Erlebniszustand wenigstens annähernd zu erreichen.«[52] Die Schüler sollten verstehen lernen, was sie bei der Arbeit suchen und fühlen sollen: »Motivationsgefüge ermöglichen es einem Menschen, eine bestimmte Tätigkeit auch aus anderen Gründen als Existenzangst oder Unterwürfigkeit auszuüben.

Es gibt eine Notwendigkeit, den Lebensunterhalt für sich und seine Familie zu verdienen. Wenn es der einzige Antrieb zu einer Tätigkeit bleibt, ist nicht zu erwarten, daß der Mensch mit Freude seiner Arbeit nachgeht.«[53] Diese Botschaft entsprach ganz Herzbergs Ansatz: Die existenzsichernde Funktion der Arbeit wurde als Nebensache dargestellt; was hingegen wirklich zählte, waren die positiven Gefühle, die die Tätigkeit als eine Art der ›immateriellen Bezahlung‹ bereithielt.

Ab den 1970er Jahren fand sich Herzbergs Theorie in allen relevanten Medien wieder: in Berufsschulfachbüchern, IHK-Schulungsmaterialien oder Universitätslehrbüchern zum Personalmanagement, um nur drei relevante Genres zur Verbreitung dieses Wissens zu nennen. Der Begriff der ›Motivation‹ ist seither ein stehender Begriff, wenn es um den menschlichen Antrieb bei der Erwerbsarbeit geht. ›Selbstverwirklichung bei der Arbeit‹ ist durch die Motivationstheorien der 1970er Jahre überhaupt erst zu einem Konzept geworden, innerhalb dessen Menschen über sich und ihre Tätigkeit nachdenken. Noch vor hundert Jahren hätten Arbeitnehmer mit diesen Begriffen nichts anzufangen gewusst, sie befanden sich jenseits aller Gewohnheiten, über ihre Arbeit zu sprechen. Herzberg ist mit der Erfindung dieser beiden Konzepte der Motivation und der Selbstverwirklichung ein epochemachender Erfolg gelungen: Noch heute, vierzig Jahre nach dem Entstehen seiner arbeitswissenschaftlichen Theorie, leiten seine Ideen das moderne Personalmanagement an. Wie diese Konzepte unseren heutigen Arbeitsalltag durchziehen und beeinflussen, wird das letzte Kapitel erzählen.

Zwischen den Theorien der ersten Arbeitswissenschaftler um 1900 und Herzberg liegt ein radikaler Umdeutungsprozess: Arbeit taucht in ihrer öffentlichen Darstellung nicht mehr als Mühsal auf, sondern als eine Möglichkeit für den Einzelnen, positive Gefühle und Sinn zu finden.

Welch schöner Gedanke! Wer möchte nicht abends glücklich aus dem Büro gehen, mit dem guten Gefühl, nicht nur etwas für den Arbeitgeber, sondern auch für sich selbst getan zu haben?

Hinter dieser Jahrzehnte dauernden Emotionalisierung unserer Arbeitsverhältnisse steckt jedoch noch eine andere, bislang unerzählte Geschichte. Wenn wir in das 20. Jahrhundert zurückblicken, sehen wir, dass diese Aufladung der Arbeit mit positiven Gefühlen untrennbar mit vier kritischen Entwicklungen verbunden ist. Diese vier ›Preisschilder‹, die an unserer hyperemotionalisierten Arbeitswelt hängen, sind die Antwort auf die Frage danach, wie der Kapitalismus unsere Arbeitsgefühle formt:

Als Erstes wurde den Arbeitnehmern nahegelegt, den Geldwert ihrer Tätigkeit geringer zu schätzen. Gute Gefühle, so die Logik, seien der wahre Antrieb und eine legitime ›immaterielle Entlohnung‹ der Leistung, worauf für den, der den Job »gerne« macht, das Entgelt auch kleiner ausfallen kann. ›Du tust es für dich und deine Entwicklung‹, nicht für schnöde Ziele wie eine Rentenabsicherung oder ein höheres Gehalt, so flüstern die HR-Manager. Ich habe diesen Prozess der Abwertung der monetären Gegenleistung in meiner Forschungsarbeit *Dematerialisierung* genannt.

Zweitens stand und steht die Vermittlung positiver Gefühle bei der Arbeit in einem unmittelbaren Zusammenhang mit einer erwarteten Erhöhung der Leistung. Wer sich wohlfühlt, wird leistungsbereiter, so die Kalkulation der Unternehmen. Die Steigerung des jährlichen Ertrags ist jedoch nicht optional, sie ist ein Muss in einer wachstumsorientierten Wirtschaftsform. Deshalb ist es kein Zufall, dass in den 1970er Jahren der Begriff des ›Persönlichkeitswachstums‹ erfunden wurde. In eben jener Zeit, in der die Wachstumsraten nach den Wirtschaftswunderjahren erstmals stagnierten, war eine steigerungsbereite Arbeitspersönlichkeit der Schlüsselfaktor, um eine lahmende Wirtschaft wieder auf einen Wachstumskurs zu trimmen. Vor hundert Jahren erfüllte man bei der Arbeit sein Tagwerk; es musste nicht ständig wachsen. Die Entwicklung unserer expansiven Wirtschaftsform ist jedoch darauf angewiesen, dass wir uns wie selbstverständlich jedes Jahr nach noch höheren Zielen strecken und diese *Dynamisierung* unserer Arbeitswelt nicht als Quelle von Unwohlsein begreifen.

Drittens rückt im 20. Jahrhundert das körperliche Wohlbefinden bei der Arbeit zunehmend in den Hintergrund. Arbeitszufriedenheit wurde in der Vergangenheit lange als ein Zustand verstanden, in dem man sich nicht erschöpft fühlte. Diese Abwesenheit von negativen Gefühlen und physischen Beeinträchtigungen ist mittlerweile nicht mehr gleichbedeutend mit positiven Arbeitsgefühlen. Heute stehen gänzlich ›unkörperliche‹ Gefühle im Vordergrund: Begeisterung, Leidenschaft für die Sache und nicht zuletzt der Spaß im Job. Durch diese Fokusverschiebung haben wir verlernt, über physische Belastungsgrenzen im Erwerbsverhältnis zu sprechen. Ich habe diese Problematik *Desomatisierung* genannt, was nichts anderes heißen soll, als dass der Körper aus der Diskussion über gute Arbeitsgefühle weitestgehend verbannt worden ist.

Viertens und letztens zielen die Personalmanagement-Maßnahmen von damals auch heute noch darauf ab, Arbeitsgefühle immer mehr zu individualisieren. Ob die Arbeiterschaft als Klasse der Arbeit gegenüber wohlgesonnen oder eine Belegschaft als Ganze zufrieden war, wurde von Unternehmen immer weniger als wichtig angesehen. Es kristallisierte sich als effektiver heraus, die Arbeitsgefühle des Einzelnen zu bearbeiten. Seine ›Arbeitsfreude‹ – die heutige ›Job Satisfaction‹ – brachte den entscheidenden Zuwachs an Leistung. Mittlerweile wird die *individuelle* Leistungsfähigkeit akribisch vermessen. IT-gestützte ›Talent-Management-Tools‹ halten in vielen Firmen eine große Zahl an Informationen über jeden einzelnen Arbeitnehmer vor, die den individuellen Willen zum Fortkommen verdaten und im Quartalsrhythmus dokumentieren. Dadurch hat sich die Bringschuld verschoben, was die Erzeugung positiver Gefühle im Kontext Arbeit angeht: Nicht mehr das Unternehmen muss seine Belegschaft ›bei Laune halten‹ und über gute Arbeitsbedingungen und Entlohnung für jene Begeisterung sorgen, die für Produktivitätszuwächse unabdingbar ist. Vielmehr muss jeder Einzelne in immer kürzeren Abständen unter Beweis stellen, motiviert und frohgemut zu Werke geht. Wem dies nicht gelingen mag, ist auf eine sehr individuelle Art ›schuld‹. Er hat es eben nicht geschafft, einen Job zu finden, der ihn ›glücklich‹ macht. Das Sprechen über strukturelle, überindividuelle Gründe dafür, mit unserer Arbeitswelt unzufrieden zu sein (große Lohnscheren, zu hohe Renditeerwartungen und übermenschliche Anforderungen), ist uns dadurch abhandengekommen. Dabei lag es ganz im Interesse der Unternehmen, dass sich Arbeitnehmer immer weniger als Mitglieder einer Gruppe fühlten, die mit den Arbeitgebern um die Verteilung der Produktionsgewinne rang. Weit unkomplizierter waren Mitarbeiter, die sich für ihr eigenes Fortkommen interessierten und nach positiven Arbeitsgefühlen für sich suchten statt für ihre soziale Schicht. Kollektive Gefühle wie der ›Klassenhass‹ zu Beginn des 20. Jahrhunderts waren für den Produktionsfortgang weitaus schwieriger handelbar als individuelle Motivationsprobleme. Damit ist die *Individualisierung* der Arbeitsgefühle auch immer ein Programm zur Reduzierung von Problemen, die erst auftraten, wenn sich Arbeitnehmer solidarisch verbunden fühlten.

Der Preis, den wir heute für unsere Feel-good-Arbeitswelt bezahlen, wird ganz besonders im Blick zurück deutlich. Die Erwartungen der Arbeitnehmer waren in der Vergangenheit in vielerlei Hinsicht couragierter als die unseren heute. Und die Bereitschaft der Unternehmen damit größer, Zugeständnisse zu machen. Dass wir in der Welt der Wohlfühl-Arbeitsplätze nicht nur Gewinner sind, davon handelt die folgende Analyse.

II. Eine Geschichte der Arbeitsgefühle

Positive Gefühle in der Lohntüte

Einer der ersten Unternehmer, die sich im Zuge der Industrialisierung Gedanken machten, wie man die Produktivität von Arbeitnehmern systematisch steigern könnte, war der Amerikaner Frederick Taylor. Im Jahr 1911 legte er in seinem Bestseller *Principles of Scientific Management* dar, wie sich durch exakte Planung mehr Output aus bestehenden Firmen generieren lasse. So schlug er darin die systematisierte Rekrutierung von Personal vor, die die Belegschaftszusammensetzung nicht mehr dem Zufall überließ. Pedantisch hatte Taylor Studien zu den firmeninternen Bewegungs- und Arbeitsabläufen ausgearbeitet, um jedes noch so kleine Optimierungspotenzial auszumachen. Dabei erkannte er einen weiteren entscheidenden Mechanismus zur Steigerung des Firmenergebnisses: Es galt, die einfachen Arbeiter mit dem einzigen Mittel anzuspornen und zu belohnen, das sie umstandslos verstanden: Geld. »A fair day's pay for a fair day's work«, lautete Taylors Rezept, um die Arbeiter bei Laune zu halten. Geld legte ihre wahren Kraftreserven frei und stachelte ihren Ehrgeiz an.

Das Buch lag bereits zwei Jahre nach Erscheinen unter dem Titel *Die Grundsätze wissenschaftlicher Betriebsführung* in deutscher Sprache vor. Auch in Deutschland war es Taylor, der den Anstoß dazu gab, sich der Lebenslage von Arbeitern sowie ihren potenziellen Arbeitsgründen, oder besser: ihren Arbeitsverweigerungsgründen, systematisch zu nähern. Unternehmen zeigten sich beeindruckt von der fortschrittlichen Sicht des Amerikaners und experimentierten mit der Erhöhung der Stücklöhne. Wie in oben genanntem Beispiel, den Arbeitern Max Webers, die stets ein Mehr an Freizeit dem höheren Lohn vorzogen, war auch diese Strategie von nur mäßigem Erfolg gekrönt. Der einfachen Gleichung von Mehr Lohn = schnellere Handgriffe standen neben der Freizeitpräferenz noch weitere Eigenheiten der Arbeiterschaft entgegen: Die Arbeiter ließen sich keineswegs nur von Firmen mit hohen Stücklöhnen anziehen. Einige zogen es vor, unter weniger herrischen Vorgesetzten zu arbeiten, und waren dafür bereit, einen niedrigeren Lohn in Kauf zu nehmen. Die deutsche *Zeitschrift für angewandte Psychologie* veröffentlichte 1912 Auszüge aus Interviews mit Industriearbeitern, die gezielt nach ihren ›Arbeitsgefühlen‹ befragt worden waren. »Ich mag und will nicht zur Maschine degradiert werden«, hinterließ ein 27-jähriger Metalldrucker in einem der Fragebögen. »Lieber 20 Mark als 36 verdienen, aber nicht tagtäglich mit Ekel zur Arbeit gehen müssen.« Andere wiederum gaben an, die Maschinen und Abläufe geradezu mit Freude zu sabotieren, auch wenn das für sie am Ende des Tages weniger Lohn bedeutete.

Trotz all dieser Widerständigkeiten waren auch die deutschen Unternehmer zunächst fest davon überzeugt, mit monetären Vorteilen eine streiklustige Arbeiterschaft ›pazifizieren‹ zu können – so der damalige Ausdruck. Vor dem Ersten Weltkrieg erschufen Großunternehmen wie Siemens, MAN, Krupp und Bayer sogenannte gelbe Gewerkschaften als firmeneigene Konstrukte. Die Arbeiter, die sich bereit erklärten, in diese Gewerkschaften einzutreten, wurden mit einer betrieblichen Altersvorsorge, zusätzlichem Urlaub und Bonuszahlungen belohnt. Durch ihre Mitgliedschaft verpflichteten sie sich, nicht an Streiks teilzunehmen und die Firma nicht frühzeitig wieder zu verlassen. Denn jene enorme Wechselbereitschaft war für viele Unternehmen um die Jahrhundertwende zum Problem geworden. Aufgrund der seit 1895 herrschenden Vollbeschäftigung suchten die Arbeiter unaufhörlich in benachbarten Firmen nach den je besseren Bedingungen und Löhnen, selbst wenn es sich nur um minimale Verbesserungen handelte. Arbeiter seien wie »Flugsand«, grollten die Unternehmer. Tatsächlich lassen sich für die Jahrhundertwende enorme Fluktuationsraten feststellen. Dem Chemiekonzern Bayer blieb beispielsweise nur ein Drittel der Arbeitnehmer länger als drei Jahre erhalten.

Die unternehmenspatriarchale Lösung des Problems anhand der Formel ›Geld gegen Loyalität‹ wurde zu Beginn der Weimarer Republik untergraben: Nachdem die Gewerkschaften den Unternehmen während des Ersten Weltkriegs mit dem sogenannten Burgfrieden zugesagt hatten, nicht zu streiken, verlangten sie nach 1918 als Gegenleistung das Verbot der gelben Gewerkschaften. Zudem verloren die Unternehmen ihre Kontrolle über die betrieblichen Sozialleistungen, die nun qua neuer Gesetzgebung durch die Betriebsräte verwaltet werden durften. Sie konnten also nicht länger als unternehmerische Wohltat verkauft werden, da sie nun den Arbeitern gesetzlich zustanden, und zwar als ihr Anteil an der Produktionsleistung. In der Folge wurden die Sozialleistungen von den Arbeitnehmervertretern bewirtschaftet und verteilt. Die in der Weimarer Administration flächendeckend eingeführten Tarife machten die Arbeitnehmer auch unabhängiger von der unternehmerischen Bereitschaft, Gehaltshöhen nach Loyalität festzusetzen. Die Unternehmen hatten somit wesentlich an Möglichkeiten eingebüßt, die Arbeiter durch monetäre Vorteile für sich einzunehmen und ihre Leistung dadurch zu steigern.

Auf diesen Verlust an Einfluss reagierten sie damit, die Bedeutung der Entlohnung abzuwerten. Hatten sie vor nicht allzu langer Zeit noch mit Frederick Taylor darauf geschworen, dass jeder Arbeiter durch Geld zu mehr Leistung angespornt werden könnte, so betonten sie in den 1920er Jahren, wesentliche Teile der Entlohnung seien nicht monetärer Natur. Hatte bis dahin die industrielle Erwerbsarbeit als dermaßen anstrengend und dröge gegolten, dass sie für den Arbeiter gar keinen anderen Anreiz bereit halten konnte, als einfach nur Geld zu verdienen, mischten sich nun die positiven Arbeitsgefühle in die Argumentationslogik. Die neue Rhetorik – wiederum maßgeblich hervorgebracht durch den Industriellenverband DINTA – lautete: Man kann Freude auch an monotoner Industriearbeit empfinden, der Arbeiter muss den übergeordneten ›Wert‹ der Arbeit nur mehr erst sehen lernen.

Dieser immaterielle ›Wertgehalt‹ sollte in zweierlei bestehen: zum einen in der Zugehörigkeit zur jeweiligen Werksgemeinschaft, wie sie auch DINTA-Funktionär Karl Arnhold als unternehmerische Zielvorstellung formulierte: »Der Mann muß das Gefühl haben, daß er nicht etwas ist, was heute hier und morgen da ist, sondern daß er zum Werk gehört. Auch darin liegt dann eine Entlohnung, die man nicht hoch genug einschätzen kann.«[1] Jene betrieblichen Maßnahmen, die darauf abzielten, den Arbeiter emotional für das Werk einzunehmen – von der Fabriksportgruppe bis zum Bau behaglicher Kantinen –, sind bereits ausführlich beschrieben worden.

Zum anderen sollte dem Arbeiter bewusst gemacht werden, dass er Arbeitsfreude auch dadurch empfinden konnte, dass er eine gegebene Aufgabe handwerklich gut meisterte – selbst wenn sie höchst repetitiv und monoton war. Besagter Karl Arnhold, der seine Karriere als Ingenieur bei Krupp begann, gab seine Einsichten ab 1924 als Professor für Angewandte Psychologie an der Technischen Universität Karlsruhe angehenden Arbeitswissenschaftlern mit auf den Weg: »Wer nur nach dem Geldbetrag wertet, braucht sich nicht zu wundern, wenn ihm einst die Stoßkraft der Persönlichkeit fehlt! Nur wer in seinem Beruf – über die Fachkenntnisse hinaus – die wirkliche jugendliche Tatenfreude mitbringt, nur wer seinen Beruf wirklich liebt, kann wahre Arbeitsfreude erwarten! Und dazu soll gerade auch die Ausbildung anregen und schulen, auch an solchen Gebieten gute Seiten zu finden, die auf den ersten Blick nicht zu passen scheinen.«[2]

Um bereits den jungen Arbeiter zu einem stolzen Facharbeiter heranzubilden, wurden Lehrwerkstätten in Betrieben eingerichtet. Sie dienten nicht allein der Deckung des unternehmerischen Ausbildungsbedarfs, sondern auch der Vermittlung eines spezifischen Arbeitsethos. Hier liegt die Geburtsstunde der Industriepädagogik. Ganz in ihrem Sinne sollten die Lehrwerkstätten künftig von den Lehrlingen selbst verwaltet werden: »Wir haben Erfolg dadurch, daß wir den Jungen alles miterleben lassen. Die Werkstatt, in der er tätig ist, ist nicht eine Werkstatt meiner Firma, sondern sie ist seine Werkstatt. Die Werkstatt ist so organisiert, daß sie monatlich abrechnen muß. Wenn wir Überschüsse haben, wird eine neue Drehbank usw. gekauft. Der Junge überlegt mit: Wo kommt sie her? Was kostet sie? Wenn er dann an die Drehbank gestellt wird, ist sie ihm etwas Lebendiges und nichts Totes.«[3]

Durch die verbesserte Ausbildung sollten die neuen Arbeiter in die Lage versetzt werden, ihre anstrengenden Tätigkeiten leichter zu handhaben. Es ging nicht darum, die Produktionsanforderungen zu erleichtern, vielmehr sollte eine starke deutsche Stammarbeiterschaft herangebildet werden, die in der Lage war, dem Druck standzuhalten und stolz auf ihr handwerkliches Geschick zu sein. Bereits die Weimarer Industriebarone betonten in ihrer Werksgemeinschaftsbewegung: »Der Lehrling, der den Sinn im Rahmen des ganzen Betriebes erfasst, hat nicht nur Freude an der erworbenen Arbeitsgeschicklichkeit, sondern versteht auch die Bedeutung des Verhältnisses von Kostenaufwand und wirtschaftlichem Ergebnis. Die erste Voraussetzung für die Freude an der Arbeit ist ihre möglichst vollkommene technische Beherrschung. Vorbedingung hierfür ist es, den jungen Menschen die ihren wirklichen Anlagen und Neigungen entsprechende Berufsausbildung zu geben.«[4]

Diese Zielvorstellung zog sich kontinuierlich von der Weimarer Republik in das »Dritte Reich«, wo die Deutsche Arbeitsfront 1935 verlauten ließ: »Das Herrschergefühl über die Materie hat jeder Arbeiter, wenn er nicht mehr fronend am Werkzeug klebt, sondern es meisterhaft beherrscht. Uns erwächst die große Aufgabe, den deutschen Menschen so auszubilden, daß er zu diesem Herrschertum über das Werkzeug erzogen wird. Wir fordern die Schulung der großen Zahl ungelernter und angelernter Arbeiter.«[5] Nicht nur für die beginnende Kriegswirtschaft, sondern auch im Rahmen dieser ›Gefühlspolitik‹ verfolgten die Nationalsozialisten eine extensive Ausbildungspolitik: Die Schulung schlecht qualifizierter Bevölkerungsschichten sollte die Masse der Unzufriedenen ›pazifizieren‹. Das politische Ohnmachtsgefühl des Arbeiters in den Stolz des Facharbeiters zu verkehren, stellte sich als ein wesentliches politisches Ziel zur Stabilisierung des Systems heraus. Dieses Ziel wurde von der nationalsozialistischen Verwaltung offensiv verfolgt. Im Jahr 1936 wurden alle metallverarbeitenden Betriebe sowie Baufirmen mit mehr als zehn Mitarbeitern verpflichtet, ein Lehrlingsprogramm aufzulegen. Den Industrie- und Handelskammern wurden umfassende Kompetenzen für die Akkreditierung dieser Lehrlingsprogramme und die Prüfungsverwaltung zugesprochen. Bereits zwei Jahre später, 1938, wurde die ›lückenlose‹ nationale Ausbildung als Ziel proklamiert: Das Durchlaufen einer Ausbildung für alle Schulabgänger wurde damit zur Pflicht erhoben. Während 1933 nur 45 Prozent der Industriearbeiter ausgebildet waren, durchliefen nur fünf Jahre später schon 90 Prozent aller männlichen Schulabgänger ein dreijähriges Ausbildungsprogramm in der Industrie, im Handwerk, im Handel oder in der Landwirtschaft. Sie lernten an 2300 Lehrwerkstätten in Deutschland. Der Historiker John Gillingham nannte dies eine ›Ausmerzung des Proletariats‹ in Deutschland. Das Fundament für die durch Hochqualifizierung ausgezeichnete deutsche Industrielandschaft war damit gelegt.[6]

Die deutschen Unternehmen folgten zu weiten Teilen dieser ›Gefühlspolitik‹ (wenn auch in weniger völkischer Rhetorik) gegenüber der deutschen Arbeiterschaft. Ein gut ausgebildeter Geselle würde weniger wahrscheinlich zu den ›Unruhestiftern‹ in den Betrieben zählen und auch den Wert seiner eigenen Arbeit höher einschätzen. Dadurch konnten sich für Unternehmen eindeutige ökonomische Vorteile ergeben. Siemens beispielsweise hob in einem Lehrgang zum Thema ›Menschenkenntnis und Menschenbehandlung‹ hervor: »Die solide und dennoch zügige Art der Arbeitsleistung wird auf die Dauer entsprechende Beachtung finden. Diese braucht nicht materieller Natur zu sein, da innere Befriedigung durch Leistung mehr wert ist als äußerliche und finanzielle.«[7]

Neben der Freude an der eigenen Geschicklichkeit und der Involviertheit in den Erfolg der Werksgemeinschaft sollte die Bedeutung des Lohns noch durch einen dritten Faktor in den Hintergrund gerückt werden: die Anerkennung der Vorgesetzten. Bereits in der Weimarer Republik waren Meister und Vorarbeiter dazu angehalten worden, freundlich mit ihren Mitarbeitern umzugehen. Jeder Arbeiter sollte sich wertschätzend behandelt fühlen. Karl Arnhold, der bereits bei der DINTA eine Schlüsselposition einnahm und nach 1933 als NSDAP-Mitglied bei der Deutschen Arbeitsfront Karriere machte, wies eindringlich auf die Priorität dieser ›gefühlten‹ Entlohnung gegenüber der monetären hin: »Es handelt sich nicht so sehr um die Höhe des Lohnes, als vielmehr darum, daß der Betreffende, der den Lohn empfangen hat, das Gefühl bekommt, daß er gerecht entlohnt ist. Darum will man nur einen Lohn, der den Menschen innerlich befriedigt, also einen Lohn, der sich auf die Leistung aufbaut, einen Lohn, der in der

Anerkennung liegt. Wenn ich einmal eine Lohn- oder Gehaltserhöhung erhalte, so bekomme ich natürlich zunächst einmal die Geldsumme, aber viel stärker ist in mir das Bewußtsein: Deine Vorgesetzten werten deine Leistung. In diesem Gefühl der eigenen Wertigkeit liegt ein großer Teil des Lohnes.«[8]

Der Dreiklang aus a) Vermittlung der gesamtgesellschaftlichen Sinnhaftigkeit der Tätigkeit, b) der Freude an der eigenen Geschicklichkeit als Teil der Entlohnung und c) der Anerkennung durch Vorgesetzte sollte die Bedeutung der monetären Entlohnung schwinden lassen. Nun waren sich die Arbeitgeber einig und verurteilten ab den 1920er Jahren einträchtig das »nackte Ertragsstreben«.[9] Ihren Arbeitern prophezeiten sie, sie könnten niemals zufrieden werden, wenn sie Arbeit allein auf das Geldverdienen reduzierten.

Dahinter steckte von Arbeitnehmerseite freilich auch die Malaise, dass ihnen mit den umfassenden Tarifregelungen der Weimarer Republik die Möglichkeit abhandengekommen war, eine Leistungssteigerung durch Erhöhung der Akkordlöhne zu erwirken. Schließlich rührte auch daher im Wesentlichen ihr Interesse, der Arbeit eine Sinndimension hinzuzufügen. Nahm der Arbeiter seine Tätigkeit jenseits der Bezahlung als bedeutsam wahr, so die Hoffnung, würde er auch bereit sein, mehr zu leisten. Das Arbeitswissenschaftliche Institut der Deutschen Arbeitsfront lieferte für diese Überlegungen eine schlüssige Erklärung: »Wenn der Beschäftigte nicht den Zusammenhang mit den anderen Teilarbeiten kennt, und noch viel weniger den Sinn seiner Arbeit im Zusammenhang mit der Bedeutung für den zukünftigen Verbraucher und die zukünftige Verwendung, so geht ihm der Sinn seiner Arbeit überhaupt verloren; das Interesse an seiner Arbeit liegt nicht mehr im Sinn seiner Tätigkeit begründet, sondern ist nunmehr lediglich ein Lohninteresse. Auf jeden Fall aber läßt das einseitig materielle Interesse kaum Sinn und Antrieb für eine Leistungssteigerung erwarten.«[10] Während in der Weimarer Republik über Werkszeitschriften den Arbeitnehmern vermittelt wurde, wie wertvoll die von ihnen hergestellten Produkte sowohl für die heimische Bevölkerung als auch auf dem Weltmarkt waren, rückte im »Dritten Reich« die Bedeutung der produzierten Güter für den Kriegserfolg in den Mittelpunkt. »Das Letzte und Höchste kann der Mensch erst dann hergeben, wenn er für ein Ideal kämpft (statt ›Ichdenken‹)«, sagte DAF-Stratege Karl Arnhold im Jahr 1935, um sogleich die Rolle Adolf Hitlers für die Aufwertung der Arbeit hervorzuheben: »Da mußte erst der Mann kommen, der unser Auge vom Ich und den kleinen Betriebsgrenzen auf ein Höheres hinlenkte, wofür es sich lohnte, einmal nicht nur die Stunden zu messen und in die Lohntüte zu gucken.«[11]

Grundsätzlich gab es auch von Arbeitnehmerseite das Bedürfnis, in der Arbeit mehr zu sehen als nur ein Mittel, um Geld zu verdienen. Einer der von Levenstein befragten Arbeiter gab 1911 zur Antwort: »Ich freue mich immer, wenn es mir gelungen ist, die mir gemachten Aufträge nach gelieferten Zeichnungen genau passend und sauber fertigzustellen. Ich finde darin eine gewisse Befriedigung und habe das Bewußtsein, daß ich meinen Teil zur Erhaltung und Verschönerung des Ganzen beigetragen habe.«[12] Die Arbeiter wären jedoch nicht auf die Idee gekommen, in dieser immateriellen Arbeitszufriedenheit einen Lohnersatz zu sehen, im Gegenteil: Gerade aus ihrem Handwerkerstolz, der im Zunftwesen der vorigen Jahrhunderte kultiviert worden war, verlangten sie selbstbewusst, dass ihrer gelungenen Arbeit auch der entsprechende materielle Gegenwert beigemessen werden sollte. Sie wollten ›ihr Geld wert‹ sein. Jedoch konnten sie jene Entwicklung, die in der Weimarer Republik ihren Anfang genommen hatte, in den Folgejahrzehnten nicht aufhalten: Zunehmend versuchten die Firmen, einen wachsenden Teil der Arbeitsvergütung auf dem immateriellen Gebiet der guten Arbeitsgefühle statt auf dem Gehaltszettel zu begleichen.

Neue Betriebspsychologie in der Nachkriegszeit

In der ersten Hälfte des 20. Jahrhunderts hatten die Unternehmer viel rhetorische Energie in die Abwertung der monetären Entlohnung gesteckt, zugleich aber auch – zumindest bis zum Beginn des Zweiten Weltkriegs – in hohe Sozialleistungen investiert. Darin manifestierte sich der Erfolg der Arbeiterbewegung zwischen den Weltkriegen. Die Firmen hatten sich regelrecht herausgeputzt, um das Wohlwollen der Arbeiterschaft zu gewinnen. Betriebseigene Wohnungen, Sport- und Parkanlagen, Kaufhäuser mit ermäßigten Preisen für Betriebsangehörige, firmenbetriebene Kinderbetreuungseinrichtungen, Freizeitfahrten und Erholungsheime sollten dazu beitragen, dass die Zugehörigkeit zu einer ›Betriebsfamilie‹ – durchaus auch aufgrund der materiellen Vorteile – von den Arbeitern wertgeschätzt wurde. Überdies sicherten die Großunternehmen ihre Arbeiter gegen den Krankheitsfall ab, sowohl über die Reservierung von Firmenbelegbetten in Krankenhäusern als auch durch die Anmietung oder den Kauf von Erholungsheimen und Sanatorien für Mütter oder überanstrengte Arbeiter. Hinter all diesem Entgegenkommen verbarg sich eine emotionale Logik:

»Alle Maßnahmen zur Hebung der Arbeitsfreudigkeit werden jedoch mehr oder weniger ihren Zweck verfehlen, wenn es nicht gelingt, den Arbeitenden von schweren Sorgen zu befreien, die ihn quälen«, erklärte Siemens-Werksleiter Paul Perls 1928 in einem Beitrag in der Zeitschrift *Der Werksleiter.* »Eine Mutter, die ihre Kinder unbeaufsichtigt zu Hause gelassen hat, ein Arbeiter, der seine Leistungsfähigkeit durch Kränklichkeit nachlassen fühlt, machen sich Sorgen, und darunter muß naturgemäß ihre Leistung leiden. Weiß dagegen die Mutter ihre Kinder im Kinderheim von Siemensstadt gut aufgehoben oder denkt der gesundheitlich Angegriffene daran, daß es für ihn Möglichkeiten zur Wiederherstellung gibt, so werden sie ihre Sorgen vergessen und mit Freude ihre Arbeit leisten. Für tägliche Erholung nach der Arbeit gibt es Arbeitergärten, für den Urlaub stehen zwei Tagesheime in Siemensstadt und je ein Heim an der Ostsee für die Arbeiter, die Arbeiterinnen und die Kinder der Arbeiterschaft zur Verfügung, während Angestellte im Ettershaus in Harzburg Aufnahme finden. Auch für Lungenkranke ist durch Unterbringung in der Heilstätte Belzig gesorgt, während akut Erkrankte in einem von der Firma unterstützten Privatkrankenhaus unter besonders günstigen Bedingungen aufgenommen werden. All diese Wohlfahrtseinrichtungen lindern die Sorgen der Arbeiter und Angestellten und tragen so zur Hebung der Arbeitsfreudigkeit im Kleinbauwerk bei.«[13]

Nach Ende des Zweiten Weltkrieges ließen sich die Arbeitnehmer durch diese betrieblichen ›Wohltaten‹ jedoch nicht davon abhalten, weitgehende Mitbestimmungsrechte zu fordern. Als in der Nachkriegszeit die Neuordnung der Wirtschaftsordnung auf dem Plan stand, forderten Betriebsräte, nicht nur bei den ›soften‹ Faktoren, wie betriebliche Sozialleistungen oder Einstellungen, im Betriebsgeschehen mitreden zu dürfen. Sie wollten auch Mitbestimmungsrechte im Bereich der Produktionsorganisation, zum Beispiel bei der Festlegung der Arbeitsabläufe, der Produktpreise und der Unternehmensstrategie. Zuweilen wurde gleich die Abschaffung des Kapitalismus als Wirtschaftsform von den Gewerkschaften gefordert. In diesem Klima weitreichender Forderungen von Arbeitnehmerseite kamen die Unternehmen zu dem Schluss, dass all die gebotenen firmeneigenen Annehmlichkeiten den gewünschten Zweck – eine ›Pazifizierung‹ der Arbeiterschaft – nicht erfüllt hatten. Die BASF räsonierte 1947: »Für die künftige Wirtschaftsverfassung wird jetzt die Frage der Sozialisierung, für die künftige Betriebsverfassung die des Mitbestimmungsrechts der Belegschaft diskutiert. Der Arbeiter ist nicht zufrieden, selbst wenn er ein Häuschen und als Stammarbeiter eines Werkes gegen Krankheit, Alter und Invalidität geschützt, ein hohes Maß an wirtschaftlicher Sicherheit sein eigen nennt. Die Ursache für diese Erscheinung kann nicht mehr auf der materiellen Ebene liegen, sondern nur auf der ideellen.«[14] Während die Arbeitnehmer glaubten, »durch eine Überleitung des Betriebes in die Hand der Arbeiterschaft oder durch eine Verstaatlichung alle Unzufriedenheit kompensieren zu können«[15], nahmen die Unternehmer für sich in Anspruch, demgegenüber die ›wahren‹ Ursachen und damit Lösungsmöglichkeiten für die herrschende Unzufriedenheit zu kennen: »Spannungen herrschen trotz der geschaffenen sozialen Einrichtungen, die dem Arbeiter viele materielle Vorteile brachten. Dies zeigt, daß die betrieblichen sozialen Institutionen ergänzt werden müssen durch die Organisation der immateriellen Faktoren der sozialen Betriebsgestaltung«[16], so der zeitgenössische Personalmanager Karl-Friedrich Diedrich, der seit 1951 in einem süddeutschen Industriekonzern die Personalgeschäfte leitete und ab 1961 das *Handbuch Betriebspsychologie* mit herausgab. Die hohen betrieblichen Investitionen in die Verschönerung der Fabriken, die Freizeitgestaltung und die Absicherung der Arbeitnehmer hatten aus Unternehmersicht nicht die gewünschte Ruhe in die Arbeitsbeziehungen gebracht.

In dieser Situation zeigten sich die Arbeitgeber sehr aufgeschlossen gegenüber dem bereits skizzierten Human-Relations-Ansatz, der Arbeitnehmerzufriedenheit in erster Linie aus gelungenen zwischenmenschlichen Beziehungen am Arbeitsplatz herleitete. Fortan investierten sie deshalb in psychologische Schulungen und Kommunikations-Trainings ihrer Mitarbeiter. Die klassischen Ausgaben der bisherigen betrieblichen Personal- und Sozialarbeit gingen hingegen zurück. Das Rationalisierungskuratorium der deutschen Wirtschaft hielt 1954 fest: »Wie weit soll man gehen mit der Einrichtung von Sportplätzen, Erholungsheimen, Skihütten? Pflegt die menschlichen Beziehungen an erster Stelle, dann kommt alles andere sozusagen von selbst! Das Betriebsklima hänge nicht von der Höhe der Sozialleistungen ab.«[17] Die Firma Siemens präsentierte ihren Mitarbeitern 1951 die folgenden Ergebnisse einer Umfrage auf einem betriebsinternen Vortrag: »Es ist erkennbar, daß Anerkennung der Arbeit und gute Behandlung in ihrer Wertung nicht soweit vom Lohn entfernt sind, wie oftmals angenommen wird. Es zeigte sich z. B., daß in Betrieben mit ungeeigneten Vorgesetzten die Wertung guter Behandlung vor den Lohn gesetzt wurde.«[18]

Dieser allgemeine Abgesang auf die Bedeutung betrieblicher Löhne und Sozialleistungen führte in der Folge auch zu deren Reduzierung, und zwar im Kleinen wie im Großen: Betriebliche Sachleistungen, wie sie bei Geburten, Konfirmation oder Kommunion üblich waren, wurden gestrichen, der Bau von Werkswohnungen oder betrieblichen Erholungsheimen wurde zurückgefahren und soziale Modelle, wie die Invaliditäts- und Altersabsicherung, beschränkt. Statt der bisherigen betrieblichen Sozialleistungen, die in der ersten Jahrhunderthälfte für alle Belegschaftsmitglieder materielle Vorteile bedeutet hatten, wurde in der Nachkriegszeit die sogenannte flexible Entlohnung eingeführt. Die Denkfigur der Werksgemeinschaft, die alle Belegschaftsmitglieder umfasst hatte, wurde durch das Modell der ›betrieblichen Partnerschaft‹ abgelöst, die zwischen dem Arbeitgeber und jedem einzelnen Arbeitnehmer emotionale Bande knüpfen sollte. Nur eine Partnerschaft könne den »Klassenkampfgedanken« sowie »unproduktive Versuche der Sozialisierung«[19] in der Nachkriegszeit ein für alle Mal überwinden, so der Autor des zeitgenössischen Bestsellers *Manager von Morgen. Partnerschaft als Wirtschaftsform der Zukunft.* Konsequent verwarfen die Unternehmen das Gießkannenprinzip bei der materiellen Versorgung der Belegschaft und setzten auf individuelle Vergütungsmodelle. Die 1950er Jahre wurden dadurch zur Geburtsstunde der Gewinn- und Ertragsbeteiligung, »mit dem Ziel, dauerhaft befriedete menschliche Beziehungen zu schaffen, um den sozialen Frieden zu gewährleisten«.[20] Der Arbeitgeberverband bezeichnete sich in diesem Zusammenhang selbst als »Kontrahent von Tarifverträgen« und warb für die Idee, »daß der Tariflohn nur ein Teil der dem Arbeiter zustehenden Entlohnung ist und daß er darüber hinaus am Betriebsertrag beteiligt werden sollte«.[21] Einer der prominentesten Vertreter dieser

Idee, der Unternehmer Gert Spindler, warb in seinem 1951 erschienenen Bestseller *Mitunternehmertum. Vom Klassenkampf zum sozialen Ausgleich* für die Ergebnisbeteiligung der Arbeitnehmer: »Die Eigentumsstreuung bewirkt Dezentralisation von Risikoübernahme.« Und: »Wenn der Arbeiter nicht das Gefühl des Miteigentums an dem Unternehmen hat, in dem er arbeitet, kann von ihm nicht das volle Interesse an diesem Betrieb erwartet und er nicht veranlaßt werden, sein Bestes für diesen herzugeben.«[22]

Zahlreiche deutsche Großkonzerne folgten dieser Argumentation und setzten sie größtenteils auch in ihren Betriebsstrukturen um. So zählte Mannesmann bereits im Jahr 1948 in seiner Belegschaft knapp 40 000 Aktienbesitzer mit einem durchschnittlichen Investitionsbetrag von 4000 Mark. Bei Bayer hielten 1957 20 Prozent der Belegschaftsmitglieder Aktien, 1962 waren es bereits 33 Prozent. Die zeitgenössischen Sozialisierungsforderungen schienen entschärft: »In solchen Unternehmen sind alle Bedingungen für soziale Spannungen beseitigt. Die Kapitalisten sind vornehmlich kleine Leute. Das ist das wesentliche vor allem gegenüber der Sozialisierung.«[23]

Die Zeitschrift *Der Volkswirt* resümierte 1953: »Nach 1945 ist eine Diskussion um die Gewinnbeteiligung an nicht ausgeschütteten Gewinnen entstanden. Von dem Experiment, bei Spindler angefangen, gehen die Bemühungen bis zur Ablösung der freiwilligen Sozialleistungen. Der Unternehmer ist nach seiner Meinung heute eifrig bemüht, Klarheit über die Motive zu schaffen, die zur Einführung der ›freiwilligen‹

sozialen Leistungen geführt haben, der Mitarbeiter spreche dagegen nur zu gern vom ›vorenthaltenen Lohn‹. Schon aus diesem Grunde ist die Konstruktion der freiwilligen sozialen Leistungen ablösungswert, um einer geregelten Ergebnisbeteiligung Platz zu machen.«[24] Aus Unternehmenssicht hatte dies mehr als einen Vorteil: Eine erfolgsabhängige Gewinnbeteiligung war ein klarer zusätzlicher Leistungsanreiz. Zudem lag es in der Natur der Beteiligungsform, dass sie nicht konstant in der Bilanz der Firma zu verbuchen war, sondern nur im Erfolgsfall. Dadurch sanken die Kosten wie auch das Risiko für ständige betriebliche Sozialleistungen beträchtlich. »Die Aktiendividende folgte dem Geschäftsgang, im Gegensatz zum 13. Monatsgehalt, und kann in Krisenzeiten wegfallen«[25], so Dirk Cattepoel, ein Lehrgangsleiter der arbeitgebernahen Arbeitsgemeinschaft für Soziale Betriebsgestaltung. Neben diesen simplen monetären Überlegungen war auch die dahinterstehende Gefühlspolitik der Unternehmen klar ausformuliert: »Die Mitarbeiteraktie (…) überspielt manchen antikapitalistischen Affekt und manches marxistische Ressentiment.«[26] Den Gewerkschafter im Idealfall zum Kapitalisten zu machen, war nur die eine Seite der Medaille. Denn hinter diesem Vorhaben vollzog sich zum anderen ein wesentlicher weiterer Schritt der Dematerialisierung der Arbeitsbeziehungen in Deutschland, nämlich eine weitgehende Abwälzung des unternehmerischen Risikos: Umfassende und verbindliche Sozialleistungen der Unternehmen wurden von volatilen Beteiligungsformen wie der Ausgabe von Unternehmensaktien abgelöst, deren Risiken nun vom Arbeitnehmer getragen wurden. Und selbst diese unstete Entlohnungsform ging ab den 1980er Jahren wesentlich zurück. 2012 hielten nur noch 1,3 Millionen Deutsche Belegschaftsaktien, also 3,4 Prozent der damals 38 Millionen Arbeitnehmer, darunter häufig privilegierte Führungskräfte und weit seltener Stammbelegschaften; um die Jahrtausendwende waren es noch 1,6 Millionen gewesen.[27] Jene Zeiten in der bundesdeutschen Geschichte, in der große Belegschaftsteile Aktien ihrer Unternehmen hielten, sind damit entfernte Vergangenheit. Die emotionale Rechtfertigungslogik aber, die in der Nachkriegszeit für die Reduzierung der materiellen Belegschaftsversorgung bemüht wurde, gab dennoch den Ton auch für die folgenden Jahrzehnte an: Der Arbeitnehmer fühle sich vorgeblich nicht durch materiell gute Bedingungen wie in der ersten Jahrhunderthälfte (Altersabsicherung, Extrazahlungen, angenehme Räumlichkeiten, vergünstigtes Wohnen und Einkaufen) zur Leistung angespornt, sondern durch immaterielle Faktoren wie eine gute Atmosphäre und wertschätzende zwischenmenschliche Beziehungen. Diese Verschiebung von materiellen zu immateriellen Entlohnungsfaktoren war eine Art ökonomischer Rationalisierung – eine *Rationalisierung als betriebspsychologische Aufgabe*, wie es der Titel eines Siemens-Vortrags aus dem Jahr 1953 ohne Umschweife benennt. Der Redner betonte, »dass Leistungssteigerungen durchaus nicht immer nur die Folge einer Verbesserung der äußeren Arbeitsbedingungen sind, sondern auch schon dann auftreten, wenn sich die Belegschaft angesprochen und damit stärker als bisher beachtet fühlt. Es sind nicht in erster Linie Lohn- und Gehaltserhöhungen, die das Klima innerhalb eines Betriebes verbessern. Es hat sich vielmehr gezeigt, dass sich das Betriebsklima umso günstiger gestaltet, je größer die Beachtung ist, die sich die arbeitenden Menschen gegenseitig entgegenbringen.«[28] In der Arbeitspsychologie und Unternehmensrhetorik der 1950er Jahre wurde also nur noch ein geringerer Teil der produktiven Arbeitsgefühle als vormals auf materielle Entlohnungsformen zurückgeführt. Der in den 1970er Jahren aufkommende Human-Resources-Ansatz sollte dann schlussendlich jegliche finanzielle Anreizwirkung für unwirksam erklären.

Eine Frage der Motivation

Die Motivationstheorien, die ab den 1970er Jahren in der deutschen Arbeitswissenschaft die bestehenden Annahmen über Arbeitsgefühle revolutionierten, stellten den letzten Schritt in der historischen Entwicklungslinie dar, welche die positiven Arbeitsgefühle immer weiter von der materiellen Entlohnung entrückte. Das Gehalt konnte laut Frederick Herzberg – dem Erfinder der Motivationstheorie – lediglich Anlass zur Unzufriedenheit sein, und zwar, wenn es zu niedrig ausfiel; Zufriedenheit und damit Leistungssteigerung konnte es jedoch angeblich niemals erzeugen. Die Unternehmen nahmen diese Theorie bereitwillig auf, konnten sie doch Gehaltssteigerungen nun weniger Bedeutung beimessen. Nicht Geld spornt den Arbeitnehmer dazu an, besser und sogar mehr zu arbeiten, sondern vermeintlich spannende Herausforderungen, Spaß im Job und die Aussicht auf Persönlichkeitswachstum. Der ökonomische Vorteil der Motivationstheorien liegt auf der Hand und wurde von Herzberg so formuliert: »Da die höchste Belohnung für die Motivation im Persönlichkeitswachstum liegt, muss man die Menschen nicht immer höher entlohnen.«[29] Wie sehr diese Vorstellung vom selbst motivierten Mitarbeiter zu einem normativen Ideal geworden ist, zeigt sich in Bewerbungsgesprächen: Wer erfolgreich bestehen will, muss zeigen, dass er eine außerordentliche Motivation mitbringt, und glaubhaft unter Beweis stellen, mit Leidenschaft bei der Sache zu sein. Was darüber hinaus noch an Motivation im Arbeitsalltag fehlt, muss durch die Vorgesetzten erzeugt werden. Nachzulesen in der aktuellen einschlägigen Literatur zum Personalmanagement, ist es die Aufgabe der jeweiligen Chefs, »die Mitarbeiter durch Ausstrahlungskraft, Inspiration, Ermunterung oder individuelle Wertschätzung so zu transformieren, dass sie sich selbstlos für bestimmte Ziele engagieren, ohne eine Gegenleistung zu erwarten.«[30]

Mit der Annahme, dass das Gehalt für die Leistung vernachlässigbar sei, hatte sich die Gefühlslogik von 1900 bis zu Beginn des 21. Jahrhunderts einmal komplett gedreht: Vor hundert Jahren dachten Unternehmer, die Arbeiter seien durch nichts anderes als durch Geld zu höheren Leistungen anzuspornen. Heute proklamieren Personalfachwirte, Motivationstrainer und Human-Resources-Berater, der Mensch sei durch gute Gefühle statt durch Geld zu motivieren. Diese Logik funktioniert natürlich auch umgekehrt: Wer heute zu rasch nach der materiellen Gegenleistung des Arbeitgebers fragt, riskiert, für die Aufgabe als unmotiviert eingestuft und abgelehnt zu werden. Diese Gefühlslogik ist erstaunlich passgenau für die Wirtschaftslage seit der Übernahme des Human-Resources-Ansatzes in den 1970er Jahren: Die Reallöhne sind stagniert oder gesunken, ebenso wie die betrieblichen Sozialleistungen, während die Produktivität pro Arbeitnehmer pro Arbeitsstunde sich in den letzten 40 Jahren verdoppelt hat. Die Menschen sind also bereit, für weniger Geld mehr zu arbeiten. Ob das tatsächlich ihrer emotionalen »Motivation« entsprochen haben mag, sei dahingestellt. Entscheidend für das Funktionieren dieser emotionalen Ordnung ist es, ob eine Mehrheit der Arbeitnehmer bereit ist, sich nach ihr zu richten. Die Mehrheit der deutschen Arbeitnehmer jedenfalls ist gemäß der herrschenden emotionalen Logik nur allzu bestrebt, ihre Motivation täglich unter Beweis zu stellen und dabei die Gehaltsfrage eher als eine unangenehme und unangemessene zu empfinden.

Vom Verschwinden des Körpers

Um die Jahrhundertwende wurde jedem Menschen allgemein ein Grundmaß an ›Arbeitsfreude‹ unterstellt. Arbeitszufriedenheit bedeutete aber vor allem eines: die Abwesenheit von körperlicher Überlastung. Darin waren sich Arbeiter und Arbeitswissenschaftler einig: Wird der Körper über Gebühr ausgebeutet, entstehen negative Arbeitsgefühle. Diese Argumentation basierte auf der Vorstellung des Körpers als einem geschlossenen Energiereservoir. Wird die durch Arbeit verbrauchte Energie über Pausen, ausreichend Schlaf und gesunde Ernährung wieder ›aufgefüllt‹, so die herrschende Meinung, ist auch der Arbeiter emotional ausgeglichen.

Dies war die Geburtsstunde der Arbeitsphysiologie, die um die Jahrhundertwende begann, minutiös den Energieverbrauch verschiedenster Tätigkeiten zu berechnen. Emil Kraepelin, der Erfinder der ›Arbeitskurve‹, fand seine eigene wissenschaftliche Erklärung für die Ermüdung des Arbeiters: Zu viele ›Ermüdungssubstanzen‹ hätten sich im Blut angesammelt, sie galt es, durch längere Pausen zu neutralisieren. Als revolutionär wurden in diesem Zusammenhang 1907 die Experimente von Ernst Abbé aufgenommen, der zeigen konnte, dass die Leistungsfähigkeit bei einer Verkürzung des Arbeitstages von neun auf acht Stunden nicht sank, sondern bisweilen sogar stieg. Die Erkenntnis war geschaffen, »daß eine über eine gewisse Arbeitszeit hinausgehende Leistung wirtschaftlich unproduktiv ist«.[31]

Leistungsfähigkeit wurde also eine Frage des richtigen Wirtschaftens mit den begrenzten körperlichen Ressourcen. Diesem Gedanken folgend, wurde 1912 das Kaiser-Wilhelm-Institut für Arbeitsphysiologie (KWIA) gegründet. Es wurde durch mehrere Ministerien und auch Industrievertreter finanziert – nicht zuletzt in der Hoffnung, die Konflikte mit der Arbeiterschaft entschärfen zu können. Die Experimente des KWIA starteten vielversprechend. So ließ sich über die Messung des Gaswechsels im Atem der Arbeiter der Energieaufwand bestimmter Tätigkeiten ableiten. Mit einem sensationellen Ergebnis: In vielen Fällen könnte die Arbeitsleistung bis zu 40 Prozent gesteigert werden, allein durch effektiv gesetzte Arbeitspausen und durch gesteuerte Bewegungsabläufe, die verschiedene Muskeln und nicht nur eine Körperpartie beanspruchen. Die Erkenntnisse aus der Forschung flossen unmittelbar in die Entwicklung neuer Arbeitsgerätschaften, zum Beispiel in eine energiesparende Schaufel, die das Optimum an Gewicht aufnahm.

Die Gründung des KWIA markiert einen Zeitpunkt in der Geschichte, zu dem die Kraft des Einzelnen als begrenzte Ressource angesehen wurde: Dem Einzelnen stand seine körperliche ›Arbeitskraft‹ zur Verfügung, und die Summe dieser ›Arbeitskräfte‹ ergab die ›Volkskraft‹ der Nation. Eine Überstrapazierung der Arbeitskraft würde lediglich die Zahl der Kranken und Frührentner erhöhen. Es lag also im Interesse aller, die zur Verfügung stehenden Kräfte zu schonen. Bereits im Kaiserreich forderten Mediziner, Arbeitsphysiologen und Volkswirtschaftler den sparsamen Umgang mit den menschlichen Kräften, um die ›Volkskraft‹ und den sozialen Frieden zu erhalten. Der Ökonom Heinrich Herkner veröffentlichte 1905 einen paradigmatischen Aufsatz unter dem Titel *Die Bedeutung der Arbeitsfreude in Theorie und Praxis der Volkswirtschaft.* In diesem Aufsatz rechnete er minutiös vor, in welchem Ausmaß die Produktivität der deutschen Volkswirtschaft durch den Verbrauch von zu viel Arbeitsenergie in der Industriearbeit Nervenkrankheiten verursachte und damit steigende Kosten für die Versicherungsunternehmen. »Unlustempfindungen« bei der Arbeit galten für Herkner als ›natürliches Warnsignal‹, dass die Gesundheit des Arbeitnehmers bedroht war. Würden diese Warnungen dauerhaft übersehen, sei immer auch die »Volkskraft« in Gefahr.

Auch die Arbeiter argumentierten nach diesem Muster: Ein von Levenstein 1911 interviewter Arbeiter sprach sich für den Stundenlohn und damit gegen den Stücklohn aus, »da ich Gegner jedes intensiven Schaffens bin und mit meiner Arbeitskraft dem Unternehmer gegenüber sehr sparsam umgehe«.[32] Die Arbeiter waren schließlich existenziell darauf angewiesen, dass ihnen ihre ›Arbeitskraft‹ ein Erwerbsleben lang erhalten blieb, und sie wollten sie daher nicht einer profitgetriebenen Überbeanspruchung preisgeben.

Vor diesem Hintergrund entstand die ›wissenschaftliche Betriebsführung‹, um mit den begrenzt verfügbaren Ressourcen und mit neuen Methoden ein Optimum zu erreichen. Ihr Pionier war der Amerikaner Frederick Taylor, und als wohl prominentester deutscher Vertreter gilt

Hugo Münsterberg, ein ehemaliger Schüler Kraepelins, der an der Harvard University ein Büro für Angewandte Psychologie aufgebaut hatte. ›Psychotechnik‹ nannte er seine Wissenschaftsdisziplin, die darauf abzielte, den menschlichen ›Arbeitsapparat‹ am energiesparendsten einzusetzen. Das bedeutete zum einen, alle störenden Einflüsse zu minimieren, welche ›Nervenenergie‹ unnötig aufbrauchten: Maßnahmen der damals sogenannten Gewerbehygiene reduzierten den Lärm in den Fabriken, senkten die Luftverschmutzung und verbesserten schlechte Beleuchtungssysteme. Zum anderen wurden ›Ablenkungen‹ ausgeschaltet, denn auch sie kosteten unnötigerweise Energie: Münsterberg empfahl den Unternehmen deshalb unter anderem eine Umordnung der Arbeitsplätze: »Ein tyrannisches Schweigegebot würde natürlich als Grausamkeit empfunden werden. Dagegen haben die verschiedensten Fabriken bei der Neuordnung nach Taylorschen Prinzipien die Arbeitsplätze so verschoben, daß Gespräche erschwert oder unmöglich gemacht wurden.«[33]

Dieses rein körperliche Leistungsverständnis erfuhr ab den 1920er Jahren jedoch eine Wandlung, denn die Psychotechnik hatte für die Unternehmen nicht zur gewünschten Entschärfung des Konflikts mit den Arbeitern geführt. Streiks, Sabotage oder die Verabredung vieler Belegschaftsteile, kollektiv langsamer zu arbeiten, um die Stückpreise zu erhöhen, waren nach wie vor an der Tagesordnung. »Die wesentlichsten Triebkräfte der sogenannten Arbeiterbewegung haben in dem psychischen Tatbestand ihre Quelle«, folgerte ein Handbuch zur Arbeitskunde im Jahr 1925.[34] Die neu entstehende Betriebssoziologie löste die Psychotechnik deshalb als arbeitswissenschaftliche Leitwissenschaft ab. Sie riet den Unternehmen, die Arbeitsleistung nicht nur als physischen Kraftaufwand zu betrachten, sondern auch als Ergebnis des ›Willens‹ und der psychischen Arbeitsneigung des Arbeitnehmers. In den 1930er Jahren hatte sich diese Vorstellung bereits vollkommen durchgesetzt. Das Arbeitswissenschaftliche Institut der Deutschen Arbeitsfront räsonierte 1938: »Die Bestgestaltung der Arbeit durch Herabsetzung der physischen Beanspruchung erwirkt zweifellos Leistungssteigerung und Minderung des Energieverbrauchs und damit Ermüdungsverminderung. Ausschlaggebend wird jedoch der Antrieb des Leistungswillens mit solchen Mitteln sein, die den Kern der Seele treffen.«[35]

Der Wille wurde, sozusagen als neue Kalkulationsgröße, in die Leistungsbilanz aufgenommen. Gelang es, den Willen günstig zu stimmen – und Unternehmen taten dies wie beschrieben in den 1920er und 1930er Jahren durch betriebliche Freizeitangebote und Fabrikverschönerungen –, konnte man eine weit höhere Leistung erwarten, als die physiologische Energiebilanz je hätte vermuten lassen. Das Arbeitswissenschaftliche Institut der Deutschen Arbeitsfront fand hierfür ein anschauliches Beispiel: »Man denke sich einen Menschen mit einem Leistungsvermögen von 10 Kräfteeinheiten; verbraucht er für die Überwindung von Hemmungen durch Sorge, Verbitterung, falschen Persönlichkeitseinsatz usw. allein 8 Kräfteeinheiten, so bleiben ihm für den produktiven Einsatz nur noch 2 Einheiten. Demgegenüber denke man sich einen Menschen mit 3 Kräfteeinheiten, dessen volles Leistungsvermögen durch richtigen Persönlichkeitseinsatz in frischer, fröhlicher Arbeit zu vollem Einsatz gelangt, so hat dieser an sich Minderleistungsfähige produktiv doch mehr einzusetzen als der erste.«[36] Zwar wurde zu dieser Zeit die Rolle der körperlichen Kräfte nicht in Abrede gestellt; aber zu ihnen gesellte sich nun eine ›immaterielle‹, nicht quantifizierbare Kraft. Der Arbeitnehmer wurde nicht länger als rein ›thermodynamischer‹ Apparat betrachtet, dessen Produktivkräfte man durch die Messung des Gaswechsels bestimmen konnte. Er wurde zusehends als ein Willenswesen betrachtet, das man durch betriebspsychologische Maßnahmen bei Laune halten musste, damit sich seine Kräfte voll auswirken konnten.

Während des Zweiten Weltkriegs wurde die arbeitswissenschaftliche Logik begrenzter physischer Kraftreserven schließlich komplett außer Kraft gesetzt. Adolf Friedrich, Ingenieur bei der Krupp AG und ab 1924 Psychologieprofessor an der Technischen Universität Karlsruhe, machte 1938 bei der wissenschaftlichen Tagung des Deutschen Stahlbau-Verbandes klar: »Bei überhitzter Maschine dreht man die Tourenzahl herunter. Beim Menschen ist es so, daß in dem Leistungskampf, in dem wir uns befinden, nicht einfach von 100 auf 80 Touren herabgegangen werden kann, sondern daß wir bei der ganzen Entwicklung eine immer höhere Leistung und weitere Entfaltung erwarten und verlangen müssen.« ›Kampfgeist‹ sollte in den Betrieben geweckt werden und die Arbeitnehmer über Ermüdung und Erschöpfung hinwegtragen. Hierfür gründete die Deutsche Arbeitsfront gleich an mehreren Standorten ›Reichsschulen für Arbeitsführung‹, um betriebliches Führungspersonal die richtige ›Menschenführung‹ zu lehren. Bis 1938 waren bereits knapp 2000 ›Betriebsführer‹ instruiert worden. Wohl wissend, dass körperlich schwere Arbeit negative Gefühle hervorrufen konnte, war man nun aber überzeugt, dass sich schlechte Arbeitsgefühle ausgleichen ließen: zum einen dadurch, dass die Vorgesetzten den Arbeiter zu neuen Leistungshöhen anspornten, zum anderen durch die Erzeugung positiver Gefühle außerhalb der Arbeit. Das breite Portfolio der nationalsozialistischen ›Kraft durch Freude‹-Aktivitäten (von der Veranstaltung ›bunter Abende‹ über Reisen oder Betriebssportaktivitäten) zielte darauf ab, den Arbeiter in der Freizeit emotional zu kräftigen, damit er im Betrieb mehr leisten konnte. Zu diesem Ansatz gehörte sogar die Einrichtung von ›Bräuteschulen‹ durch die Deutsche Arbeitsfront, die junge Mädchen in den Disziplinen ›Kochen, Nähen, Heimgestaltung, Erziehung‹ zur perfekten Hausfrau ausbilden sollten. Der Industriellenverband DINTA hatte bereits in der Weimarer Republik ähnliche Kurse unterhalten, da »durch die häusliche Zufriedenheit, bei der die Arbeiterfrau eine ausschlaggebende Rolle spielt, auch ein guter Boden für eine Arbeitsfreude im Werk geschaffen ist. Frauen und Töchter sind in allen Gebieten der Hauswirtschaft auszubilden, so daß sie in der Lage sind, ein wirkliches Heim zu schaffen.«[37] Gute Freizeitgefühle als Kompensation gegen körperliche Anstrengung in der Arbeit bildeten in den 1920er und 1930er Jahren die leitende arbeitswissenschaftliche Idee. Schon hier war man bereits ein Stück vom Konzept der begrenzten körperlichen Ressourcen abgerückt, glaubte man doch, sie durch Willenskräfte sowie positive Emotionen im Betrieb und zu Hause erweitern zu können.

In der Nachkriegszeit wurde eine zusätzliche neue Kraftquelle entdeckt: das Unterbewusstsein und seine Gefühle. Das therapeutische Wissen, das Freuds Psychoanalyse entworfen hatte, sollte ab den 1940er Jahren die Arbeitswissenschaften prägen. Die Idee, dass im Individuum tief verborgene Gefühle schlummerten, die sowohl Leistungshemmnis, aber auch Leistungsressource sein konnten, faszinierte Arbeitspsychologen und ließ sie ihre bisherigen Konzepte und Methoden überdenken. Der Arbeitswissenschaftler Otto Graf, der am Max-Planck-Institut für Arbeitsphysiologie tätig war, beschrieb 1948 diesen Umdenkungsprozess: »Wir stellen nicht mehr Leistungsfähigkeit als körperliche Leistungsgrundlage dem Leistungswillen gegenüber. Vielfältige Erfahrungen haben uns genötigt, dazwischen eine wechselnde, von unserem Willen unabhängige Leistungsbereitschaft anzunehmen. Es gibt unserem Zugreifen entzogene autonom geschützte Reserven in unserer körperlichen und geistigen Leistungsfähigkeit. Der Zugang erfolgt nicht über den Willen, sondern über Gefühlseinwirkungen,

Affekte. Von diesen Erfahrungen ergeben sich wichtige Rückschlüsse auf die Bedeutung des Affektlebens auch für die Leistung.«[38] Ganz dem psychotherapeutischen Gedanken folgend, wurde Unzufriedenheit bei der Arbeit nun aus unterbewussten, ›verknoteten‹ Gefühlen hergeleitet. Wer sich nicht gut in seine Arbeitsgruppe einfügen konnte, wer sich beschwerte oder mit Vorgesetzten in Konflikt kam, hatte ein anderes, ›tiefer liegendes‹ Problem, das den Konflikt an der Oberfläche erklären konnte. Die Ursache von Leistungsproblemen, Erschöpfung oder Konfrontationen im Betriebsraum wurden durch diese Denkweise nicht mehr in den materiellen Arbeitsbedingungen gesucht. Die Siemens-Werkzeitung klärte seine Mitarbeiter über die ›eigentlichen‹ Problemursachen auf: »Die Müdigkeit stellt einen seelischen Zustand dar, mit dem wir bereits an die Arbeit herangehen, eine gewisse Lustlosigkeit. Ein solches Müdigkeitsgefühl kann auch bei tatsächlicher Leistungsfähigkeit bestehen. Das ist zum Beispiel morgens möglich, wenn der Organismus zwar durch reichlichen Schlaf gekräftigt ist, aber trotzdem geistig ein Müdigkeitsgefühl vorherrscht. Eine solche trügerische Müdigkeit kann und muß gebrochen werden. Neben häuslichen Schwierigkeiten als Anlaß für den seelischen Zustand der Müdigkeit finden wir auch oft die Ursache am Arbeitsplatz. Sei es, dass nicht das richtige Verhältnis zu den Mitarbeitern oder Vorgesetzten besteht, oder seien es auch andere Gründe, wie zum Beispiel das Nichtvorwärtskommen im Betrieb oder das Empfinden, nicht die rechte Anerkennung zu erhalten.«[39]

Ungute Arbeitsgefühle galten fortan nicht mehr als Folge anstrengender Arbeitsbedingungen, sondern: Verantwortlich waren weit ›diffusere‹ Quellen, der Arbeitnehmer hatte entweder ein Problem mit sich selbst oder mit den anderen, da halfen nur Gespräche mit dem Betriebspsychologen oder ›Kommunikation‹ mit den Vorgesetzten. Der Körper, verstanden als ein natürlicher Faktor, der die maximale Leistungsfähigkeit deckelt, verschwand in diesem therapeutisch fundierten Modell zusehends. Mehr als von tatsächlicher Müdigkeit war nun von ›gefühlter‹ Müdigkeit die Rede, deren Ursachen jenseits des Körpers lagen. Messungen des Energieverbrauchs bei der Arbeit kamen nun vollends aus der Mode. Der Arbeitswissenschaftler Prof. Graf vom Max-Planck-Institut für Arbeitsphysiologie rechtfertigte diese Abkehr: »Selbst wenn wir es stoffwechselmäßig nicht erhärten können, wenn wir es also nicht in Kalorien ausdrücken können, so sagt es hundertfältige Beobachtung und Erfahrung, daß Arbeiten unter Arbeitsfreude, ein Arbeiten also, bei dem nicht wir uns antreiben müssen, sondern bei dem wir vielmehr von einem inneren Arbeitsschwung mitgezogen, mitgerissen werden, weniger ermüdet, daß schon rein physisch die Arbeit gut von der Hand geht, während jede unlustig geleistete Arbeit das Empfinden auslöst, daß wir dauernd gegen einen Widerstand ankämpfen müssen.«[40] Die Argumentation der Arbeitswissenschaftler hatte sich nun ins Gegenteil verkehrt: Wer nicht genügend positive Arbeitsgefühle mit an den Arbeitsplatz brachte, brauchte sich nicht wundern, dass sein

Körper nicht mitzog. Implizit hieß das aber auch, man war ja gar nicht erschöpft, sondern fühlte sich nur so. Brächte der Arbeitnehmer seinen Gefühlshaushalt erst in Ordnung, würde ihm die Arbeit auch leichter fallen.

Dieses neue Konzept wurde von vielen Zeitgenossen kritisch aufgenommen. Mediziner und Gewerkschafter versuchten nach wie vor auf jene materiellen Arbeitsbedingungen aufmerksam zu machen, die den Arbeitnehmer physisch und psychisch beeinträchtigen konnten. Sie beharrten darauf, dass handfeste berufliche Belastungen nicht einfach durch den Verweis auf eine gute Arbeitsatmosphäre wegdiskutiert wurden. Das Produktionstempo, das in den 1950er Jahren volle Fahrt aufgenommen hatte, könne zu organischen Schäden führen, so die Verfechter einer ›somatisierten‹, also körperlichen Konzeption von Arbeitsanstrengungen. Nicht selten verwiesen sie in diesem Zusammenhang auf den Bericht des Physiologen Hans Kellner über seine Erfahrungen als ›Undercover‹-Fabrikarbeiter, der 1949 unter dem Titel *Ein Arzt erlebt die Industrie* als Buch erschienen war. So auch ein im Betriebsrat seiner Firma aktiver AEG-Ingenieur: »Es wird in den Betrieben sehr viel über das dauernd steigende Arbeitstempo und die immer höhere Belastung der Nerven und Sinne Klage geführt. Daraus müssen sich doch tiefgehende schleichende Schädigungen des gesamten Organismus ergeben. In diesem Zusammenhang interessiert uns die Meinung der Ärzteschaft vor allem zu dem Buch eines Arztes wie Dr. Kellner. Wenn man die von ihm angezogenen Beispiele des Buches liest, dann wird man in vielen Fällen an seine eigene Betriebspraxis erinnert; man hat dann blitzartig eine Deutung für das unerklärliche Verhalten vieler Leute, von denen man so im allgemeinen sagt: ›Das sind Hysteriker‹, und die man unter diesem Begriff abtut. Dr. Kellner schreibt u. a., daß die sogenannte vegetative Dystonie als funktionelle Mißstimmung, die einer seelisch bedingten Gleichgewichtsstörung des vegetativen Nervensystems entspringt, beim Industriearbeiter massenhaft vorkommt. Sind nicht viele Erscheinungen, die wir heute erleben, auf eine solche zu starke Beanspruchung von Nerven und Sinnen zurückzuführen?« Weiterhin verweist der Ingenieur auf Kellners »Fazit sozialärztlicher Praxis«, worin er drei tragende Säulen vorschlägt: einen Sozialarzt, eine Sozialassistentin und ein Sozialsanatorium«[41] – klassische Maßnahmen eines Modells also, das nach wie vor die begrenzten körperlichen Energien des Arbeitnehmers zugrunde legte.

Die Anhänger dieses physischen Belastungsmodells hatten jedoch schlechte Chancen, sich innerhalb der Unternehmen Gehör zu verschaffen. Der engagierte AEG-Ingenieur berichtet von dem Fall eines Braunschweiger Werks, in dem ein Vertragsarzt einen Vortrag über schleichende Schädigungen halten sollte, worauf ihm wegen Vertragsbruchs gekündigt wurde. Eine ähnliche Vortragsveranstaltung wurde 1954 bei Siemens abgesagt; die Begründung lieferte die Sozialpolitische Abteilung: »Wir haben den Vorschlag des Betriebsrates geprüft, Herrn Dr. med. Heinz Wiegmann, Leitenden Arzt der Klinik für psychogene Störungen, sprechen zu lassen; er würde die Gefahr mit sich bringen, dass die Dinge von extremen Fällen aus und ohne ausreichende Kenntnis der betrieblichen Gegebenheiten beurteilt werden. Vielmehr sollte überlegt werden, ob man nicht die das medizinische Gebiet streifenden Fragen zunächst einmal unter Hinzuziehung von Betriebsärzten erörtert. Wenn überhaupt ein betriebsfremder Sachverständiger hinzugezogen werden soll, so wäre ein Betriebspsychologe am ehesten geeignet.«[42] Physische Arbeitsbelastungen blieben also für Unternehmen ein ›heikles‹ Thema, das man höchstens dem ›geneigten‹ betriebseigenen Arzt, nicht jedoch externen Experten zur Beurteilung anvertraute. So nahm die Psychologisierung der Arbeitsgefühle bei gleichzeitiger ›Abwertung‹ körperlicher Belastungsfaktoren ab den 1950er Jahren ihren Lauf. Und diese bildete sich deutlich in den unternehmerischen Investitionen ab: Deutsche Großunternehmen schafften ihre firmeneigenen Erholungsheime ab und investierten in die Anstellung von Betriebspsychologen, die (statt der körperlichen Energiebilanz) nun die ›Betriebsatmosphäre‹ verbessern sollten.

Mit dem Übergang vom Human-Relations- zum Human-Resources-Ansatz in den 1970er Jahren war die Diskussion über körperliche Arbeitsgefühle (ob nun ›echt‹ oder psychisch bedingt) schließlich komplett verschwunden. Die Theorie empfahl nun, sich auf die leistungssteigernden persönlichen ›Ressourcen‹ zu konzentrieren: auf das Bedürfnis des Arbeitnehmers nach Selbstverwirklichung und Eigenverantwortung, nach Persönlichkeitswachstum durch neue Herausforderungen sowie nach eigenständigen Erfolgen und persönlichem Vorankommen. Setzte man genau hier an und übertrug dem Arbeitnehmer komplexere Tätigkeiten, würden die Motivationsquellen sprudeln. So weit die Theorie. Die Verbindung der Arbeitsgefühle zu den materiellen Arbeitsbedingungen war konzeptionell gekappt. Das Rationalisierungskuratorium der Deutschen Wirtschaft räumte dies in seinem Handbuch zur Einführung des Human-Resources-Ansatzes selbst ein:»Neben den beiden Hauptelementen von Job Enrichment, der Vergrößerung des (motivierenden) Arbeitsinhalts und der Ausweitung der Selbstverantwortung der Arbeitspersonen, werden Fragen der Bezahlung und der Arbeitsbedingungen in geringerem Maße berücksichtigt.«[43] Der Körper als ein ›Produktionsfaktor‹, der nicht beliebig steigerungsfähig ist, war in dieser Personaltheorie unsichtbar geworden. Und das interessanterweise in einer Zeit, in der die körperliche Industriearbeit bei Weitem nicht verschwunden war. Die Experimente und die ersten betrieblichen Umsetzungen des Job Enrichments fanden in Fertigungshallen statt, in denen Arbeiter Produktionsteile wie Elektrogeräte oder Autos montierten. Sie sollten, wie bereits beschrieben, gleich mehrere Fertigungsschritte samt der Logistikplanung und der Ergebniskontrolle selbst übernehmen und nicht wie bislang nur einzelne Handgriffe ausführen. Die ›Erfindung‹ des körperlosen Arbeitssubjekts fiel also keineswegs in eine Zeit, in der Menschen nicht körperlich gearbeitet hätten.

Das Mantra der kraftsteigernden Motivation ermöglichte den HR-Strategen nun geschickt, die Lohnforderungen der Arbeitnehmer aufgrund des höheren Produktionstempos und damit der größeren körperlichen Anstrengung zu ignorieren.

Wenn körperliche Belastungen überhaupt noch als Thema in den Arbeitswissenschaften auftauchten, wurden sie sogar als ein Faktor betrachtet, der die Leistung steigern konnte. Wer Stress ausgesetzt ist, wird umso widerstandsfähiger, so die neue leitende These. Das Institut für angewandte Arbeitswissenschaft erklärte 1975: »Die Auseinandersetzung des Organismus mit dem Stressor führt bei optimaler Dosierung zu einer Ökonomisierung der Organfunktion. Durch Training werden die Reserven vergrößert, die geforderte Leistung kann mit einem relativ geringeren Aufwand bewältigt werden.«[44] Auch hier hatte man sich nun von einer Körpervorstellung entfernt, die begrenzte Energien zugrunde gelegt hatte. Der Arbeitskörper mutierte in den 1970er Jahren zu einem ›dehnbaren‹ Material, das durch Herausforderungen gestählt wurde.

Die Entwicklungslinie hin zu einer *Desomatisierung* der Arbeitsgefühle im 20. Jahrhundert ist beachtlich arbeitgeberfreundlich: Um 1900 wurde ›Arbeitsunlust‹ von Arbeitswissenschaftlern noch von zu hoher körperlicher Belastung hergeleitet; die negativen Arbeitsgefühle galten als direktes Warnsignal des Körpers. Heute verhält es sich direkt umgekehrt: Wer über körperliche Überforderung klagt, dem wird leicht unterstellt, nicht motiviert genug zu sein. Mit der richtigen Einstellung lassen sich doch Bäume ausreißen, so die implizite Erwartung im beruflichen Umfeld. Nicht mehr die Einhaltung körperlicher Leistungsgrenzen ermöglicht positive Arbeitsgefühle, sondern ganz im Gegenteil: Spaß bei der Sache und leidenschaftliches Engagiertsein ermöglichen das Ausblenden von Müdigkeit und Erschöpfung.

Interessanterweise ist der Körper in der Arbeitswelt seit den 1970er Jahren zwar der Tendenz nach verschwunden, jedoch nur, um im Privatleben umso deutlicher hervorzutreten. Zahlreiche Sport- und Wellnessangebote sind allein darauf gerichtet, dem gestressten Arbeitnehmer seine verloren gegangene Energie zurückzugeben: Yoga gegen Überarbeitung, Jogging zur Stressbewältigung, Qigong zum Abschalten für Ausgebrannte. Kommerzielle Freizeitangebote sprechen den Einzelnen als jenes erschöpfte Körpersubjekt an, das in der Arbeitswelt nicht mehr vorkommen darf. Das bedeutet im Umkehrschluss nur: Unternehmen, die sich in weiten Teilen des 20. Jahrhunderts über firmeneigene Sanatorien, betriebliche Arbeitsschutzstellen, die Einhaltung des Achtstundentags und durch Betriebsärzte für die Gesundheit ihrer Arbeitnehmer verantwortlich zeigten, verweisen nun zunehmend auf die Verantwortung des Einzelnen. Er soll sich im Privatleben durch Gesundheitsprävention, Sport, die richtige Ernährung, insgesamt also durch die Erhöhung seiner Belastungsfähigkeit an erhöhte Anforderungen im Berufsleben anpassen. Sein Körper soll durch die richtigen Freizeitmaßnahmen wieder aufgeladen und gestärkt werden, damit er im Berufsleben keine Leistungsgrenze darstellt.

Diese Logik durchzieht auch das Phänomen ›Burn-out‹, das in den 1970er Jahren von dem Psychotherapeuten Herbert Freudenberger erstmals beschrieben wurde. Vor allem gilt es als ein ›emotionaler‹, das heißt in erster Linie als kein körperlicher Erschöpfungszustand, in der Nähe zur Depression. Im Zentrum stehen Gefühle der Leere und Sinnlosigkeit sowie das ›Gefühl‹ des Überfordertseins. Eine perfekte Krankheitsbeschreibung für eine Arbeitswelt, die voraussetzt, dass Arbeit zum Lebenssinn geworden ist. Schlecht müssen sich konsequenterweise all jene fühlen, die keinen Sinn in ihrer Tätigkeit erkennen können. Dass es sich bei zahllosen Arbeitstätigkeiten jedoch um Aufgaben handelt, für die ein Gefühl der Bedeutsamkeit nur schwer aufzubringen ist, wird im Reden über Burn-out kaum thematisiert. Das zugrunde liegende Ideal ist das einer sinnhaften Arbeitswelt. Ebenso wie der Sinn wird ein angemessenes, nicht zu großes Arbeitspensum schlicht vorausgesetzt. Schuld sind nicht die überbordenden Anforderungen, sondern mangelndes persönliches ›Anforderungsmanagement‹, dieser Eindruck wird allerorten erweckt. Jüngst betonte die *Apotheken-Umschau* zum Thema ›Burn-out‹: »Viele lieben die Herausforderung und fühlen sich gut dabei« – und erkranken aufgrund einer ›günstigen‹ Persönlichkeitsstruktur nicht an Burn-out. Wer sich hingegen ausgebrannt fühlt, muss sich selbst an die Nase fassen.

Der Ratgeber zum Thema stellt heraus, dass Burn-out vor allem bei »Persönlichkeiten ohne geeignete Bewältigungsstrategien« und mit »privatem Konfliktstoff« auftritt, hier muss der Therapeut konsultiert werden, um die eigene Haltung zu korrigieren. Insofern liegen die Gegenmaßnahmen des Einzelnen im privaten Bereich: also wieder Therapiestunden, gesunde Ernährung, Sport, ausreichend Schlaf und das Netzwerk an Freunden und Familie stärken. »Möglicherweise lässt sich im Job doch noch das ein oder andere verbessern«, so der Ratgeber: Man könne sich auch intensiver mit Kollegen austauschen oder eine Weiterbildung anstreben, um seine Motivation zu verbessern.[45] In der Analyse der Ursachen von Erschöpfung passt sich der Burn-out-Diskurs perfekt in eine Wirtschaftsform ein, die spätestens seit den 1970er Jahren ein körperloses Arbeitssubjekt voraussetzt. Man mag sich erschöpft fühlen, spricht aber besser nicht darüber. Die Tatsache, dass eine Wirtschaft mit exponentiellen Wachstumsraten den Menschen immer mehr abfordert und Energien ›abschöpft‹, wird nicht thematisiert. Die Arbeitswelt wird nicht mehr daraufhin geprüft, ob sie sich dem Menschen anpasst. Sie steht längst nicht mehr unter dem Rechtfertigungsdruck, dem Menschen durch die erwartete Arbeitsleistung psychisch und physisch keinen Schaden zuzufügen. Die Zeiten, in denen über Arbeitsschutzmaßnahmen sichergestellt wurde, dass der Arbeitnehmer nicht dauerhaft durch die Arbeit beeinträchtigt wird, wirken heutzutage eher antiquiert. Schutzvorkehrungen werden geradezu belächelt:

Der Achtstundentag – einst definiert als eine gesunde Grenze des Erfüllbaren und Machbaren – wird durch unbezahlte, unerfasste Überstunden beständig gedehnt. Zwar schiebt das Arbeitszeitgesetz einen zeitlichen Riegel vor, indem es besagt, dass Arbeitnehmer nicht länger als zehn Stunden täglich arbeiten dürfen. Außerdem schreibt es vor, dass man nicht mehr als ein halbes Jahr durchschnittlich über acht Stunden arbeiten darf. Wo aber sind diese Regeln gelebte Praxis, die Arbeitgeber mit Vorsicht im Blick haben und auf die Arbeitnehmer selbstbewusst bestehen? Warum ignorieren wir die körperlichen Folgeerscheinungen unseres expansiven Wirtschaftsmodells – die ausgefallenen Arbeitstage wegen ›Burn-outs‹, den zunehmenden Substanzmissbrauch zur Leistungssteigerung, die Herzinfarkte und Schlaganfälle bei jüngeren Arbeitnehmern? Warum lassen wir uns darauf einschwören, an unserer körperlichen Widerstandskraft zu arbeiten, statt klar zu sagen, wann wir ein Ruhebedürfnis haben? Angst hindert Arbeitnehmer daran. Denn körperliche Leistungsgrenzen zu signalisieren wird von Arbeitgebern heutzutage gerne als ein Zeichen mangelnder Motivation gedeutet. Und wer will sich die schon nachsagen lassen in einer Arbeitswelt, in der positive Arbeitsgefühle als Unterpfand für Beschäftigungsfähigkeit gelten?

Über sich hinauswachsen

Die Dynamisierung der Arbeitsgefühle im 20. Jahrhundert hängt eng mit der Auflösung körperlicher Grenzen zusammen. Zu Beginn des Jahrhunderts glaubten Ökonomen, Arbeitsphysiologen und Mediziner, dem Arbeiter sei eine grundsätzliche Arbeitsfreude zu eigen und allein körperliche Überanstrengung könne sie schmälern. Werde der Energieverbrauch des Arbeitnehmers durch regelmäßige Pausen, reduzierte Anstrengung, ausreichenden Schlaf und die richtige Ernährung in einem Optimum gehalten, sei die nachhaltige Leistungsfähigkeit garantiert, so die statische Grundannahme.

Betriebliche Rationalisierungsanstrengungen konzentrierten sich in dieser Zeit darauf, sämtliche Störfaktoren auszuschalten, die den Arbeiter unnötig Energie kosteten: In den Fabrikhallen wurden schlechte Beleuchtung, mangelnde Belüftung und unhygienische Wasch- und Kantinenräume beseitigt. Noch 1925 erklärte Karl Arnhold als Vertreter des Industrie-Verbandes DINTA: »Wie kann ich den Wirkungsgrad der menschlichen Arbeit erhöhen? Ich kann es dadurch machen, daß ich die Hemmungen, die der Mensch bei der Arbeit erfährt, ausschalte.«[46] Wie die Arbeitswissenschaftler seiner Zeit war auch er davon überzeugt, man könne aus dem Arbeiter nicht mehr herausholen, als Energie in ihm angelegt war. Man müsse deshalb dafür sorgen, dass von dieser Fixsumme an Energie nicht zu viel durch ungünstige Arbeitsbedingungen verloren gehe. Jenes Credo der psychotechnischen Rationalisierung herrschte bis in die 1920er Jahre hinein.

Die Idee der optimalen Ausnutzung vorhandener Kapazitäten entsprach dem Persönlichkeitsmodell der 1920er Jahre: Die sogenannte Charakterologie, eine Unterdisziplin der Arbeitswissenschaft in der Weimarer Republik, beschäftigte sich ausschließlich mit der Frage, wie man den Charakter des einzelnen Arbeitnehmers am besten erkennen konnte, um ihn sodann an den richtigen Arbeitsplatz zu stellen. Eine der Testmethoden bestand in der Arbeitsprobe: Man beobachtete einen Arbeiter bei einer Aufgabe und stellte nach einem Leitfaden fest, ob sich der Kandidat eher für Routinetätigkeiten eignete, für Team- oder Einzelarbeiten, für Aufgaben, die viel Geduld erforderten, oder eher für Tätigkeiten mit viel Abwechslung. Für all diese ›Charaktertypen‹ gab es geeignete und weniger geeignete Arbeitsplätze in den Fabrikhallen, man musste sie nur richtig zuordnen. Der introvertierte Typ, der schlecht mit Veränderungen klarkam, sich aber mit gleichbleibenden Abläufen wohlfühlte, war in einer repetitiven Tätigkeit besser aufgehoben als in einer Springerposition für ausgefallene Kollegen. In den 1920er Jahren wurden deshalb Personenkarten über jeden einzelnen Mitarbeiter erstellt, auf denen die je wichtigsten persönlichen Eigenschaften mit dem Hinweis vermerkt waren, wie die Vorgesetzten am besten mit ihm umzugehen hatten. Ein cholerisches, leicht reizbares Temperament fand hier ebenso seinen Niederschlag wie kleine und große Unsicherheiten oder die Notwendigkeit, den Arbeitnehmer von Zeit zu Zeit zu ermutigen. Walter Moede, einer der führenden Arbeitswissenschaftler der 1920er und 1930er Jahre, umriss die zweckdienlichen Inhalte der Personenkarten als »Arbeits- und Lebensschicksal, berufliche und außerberufliche Belege über Leistung und Verhalten, Leistungs- und Verhaltensproben«. Ihm zufolge diente dieses Verfahren »der Harmonie, der Zusammenarbeit im Betrieb, der Berufsseßhaftigkeit und Arbeitsfreude, dem Berufserfolg und dem Berufsglück. Arbeitsfreude und Zufriedenheit mit Leistung und Arbeitsverhalten sind von der richtigen Abstimmung von Aufgabe und Befähigung abhängig. Tritt allgemeine Leistungssteigerung durch eine gute Auswahl der Arbeiterschaft ein, so hat nicht nur der Betrieb von der guten und zweckmäßigen Auslese und Beratung Nutzen, sondern auch der Arbeiter selbst, der, richtig eingegliedert, seßhaft wird, an der Arbeit Freude hat und auch mehr verdient, da er nur Aufgaben zu bewältigen hat, die seiner Veranlagung entsprechen und zu deren guter Erledigung gemäß Betriebsbedingungen er fähig ist.«[47] Nach dem Motto ›Der richtige Mann am richtigen Platz‹ nahm die ›soziale Rationalisierung‹ der 1920er Jahre ihren Lauf. Sie setzte nicht mehr in erster Linie auf die Rationalisierung des körperlichen Energieeinsatzes, sondern optimierte den Personaleinsatz. Zwar sollte auch der Leistungswille gestärkt werden, im Großen und Ganzen aber ging dieses Personalmanagement-Konzept von einem feststehenden Satz an Charaktereigenschaften aus, die nicht formbar waren.

Erst das therapeutische Wissen, das in den 1940er Jahren Einzug in die Arbeitswissenschaften hielt, veränderte das Bild vom Arbeitnehmer, der nun zunehmend als ›Persönlichkeit‹ begriffen wurde. Diese hatte zwar noch einen festen ›Kern‹. Jedoch ging das Human-Relations-Paradigma der Nachkriegszeit auch davon aus, dass man die Persönlichkeitsentwicklung des Arbeitnehmers fördern sollte, um »seine Leistungsfähigkeit ständig zu steigern«.[48] Die Idee vom Leistungsoptimum eines feststehenden Charakters wurde gegen die Idee der Steigerungsmöglichkeit entwicklungsfähiger Persönlichkeiten eingetauscht. Der Arbeitnehmer der Nachkriegszeit wurde dadurch nicht wie in den 1920er Jahren so genommen, wie er eben war, um ihn am passenden Platz einzusetzen. Die Personenkarten samt Handlungsanweisungen für die Vorgesetzten hatten ausgedient, nun wurden die Meister und Vorarbeiter vermehrt auf psychotherapeutische Schulungen geschickt, die sie für psychologische Probleme sensibilisieren sollten. Sie sollten ›sehen‹ lernen, welche tiefenpsychologischen Hemmnisse ihre Mitarbeiter blockierten. Durch den Einsatz professioneller Kommunikationstechniken sollten sie ihre Mitarbeiter auf deren problematisches Verhalten ansprechen, die Ursachen klären und so einen ›Entwicklungsimpuls‹ geben. In der Weimarer Republik saß ein cholerischer Mitarbeiter im Zuge der Arbeitsplatzverteilung in einer hinteren Firmenecke, um mit seinem Verhalten möglichst wenige Kollegen zu stören. Im Human-Relations-Personalmanagement der 1950er Jahre wurde sein cholerisches Temperament zu einem Problem, das es zu bearbeiten galt: Vom Vorgesetzten bis zur betriebspsychologischen Dienststelle wurde erwartet, dass sie sich solcher ›Problemfälle‹ annahmen, das Gespräch mit dem Arbeiter suchten und ihm ›Entwicklungsmöglichkeiten‹ aufzeigten, um sein Verhalten zu ändern. Dies war mitnichten immer ein psychologisches ›Hilfsangebot‹, das angenommen oder ausgeschlagen werden konnte. Die betriebspsychologische Dienststelle der Firma Siemens schrieb 1951 in ihrem internen Bekanntmachungsschreiben: »Vom Prinzip der Freiwilligkeit der Beratung kann in den folgenden Fällen abgegangen werden: Leute mit Fehlschichten, Kleinbummler, Gerüchtemacher, Nörgler, Querulanten, Störer des Werkstattfriedens, u.a. Hier gilt es, Ursachen aufzudecken, Anpassungshilfen zu geben.«[49] Die unternehmerische Erwartung war klar, negative Emotionen galt es, mit Hilfe der Firma zu überwinden. Dabei wurden sie kaum noch auf schwierige Arbeitsbedingungen zurückgeführt, vielmehr dem Individuum selbst zuschrieben, das sich in der Folge auch selbst um eine Besserung zu bemühen hatte. *Dynamisierung* der Arbeitsgefühle bezieht sich hier auf die geänderte Erwartung an den Arbeitnehmer, nicht in seiner Stimmung zu verharren, sondern sich positiv anzupassen und einzufügen.

Auch vom Körper wurde zunehmend eine Dynamisierungsleistung gefordert. Von der Idee eines Optimums zwischen Kräftehaushalt und Arbeitsanforderung wichen die Arbeitswissenschaftler immer mehr ab und suchten nach einer maximalen Steigerungsmöglichkeit. Der Arbeitsphysiologe Johann Daniel Achelis beschrieb 1948 aus Arbeitgebersicht die neuen Visionen für das Personalmanagement: »Darf man schließen, daß das Energieminimum immer der optimale Zustand ist? Der Organismus ist in seinen Funktionen nicht sparsam, sondern in dauernder aktionsbereiter Spannung. Überspitzt könnte man sagen, daß ein Minimumprinzip seiner Organisation zuwiderläuft.«[50]

Diese Vorstöße in Richtung einer Ausdehnung menschlicher Arbeitsressourcen, die zuvor als begrenzt verstanden worden waren, passten nahtlos in die expandierende Wirtschaftswelt der Nachkriegsjahre. Sie folgten einer völlig anderen Logik, nämlich einem neuen Produktivitätsverständnis: In der ersten Jahrhunderthälfte hatte man die Produktivität gesteigert, indem bestehende Ressourcen – der Personal- und Materialeinsatz – optimiert wurden. Verschwendung zu vermeiden war die Maxime jeglichen wirtschaftlichen Handelns. In der zweiten Jahrhunderthälfte sollten nun die Ressourcen per se gesteigert werden: Mensch und Natur als die beiden basalen Wirtschaftsfaktoren sollten immer produktiver werden, um neue Gewinne zu generieren. Die Unternehmen ließen damit eine bedarfsgetriebene Wirtschaftsform hinter sich. Noch in der ersten Jahrhunderthälfte hatten Unternehmen ihre Produktionskapazitäten nach einer geschätzten Nachfrage ausgerichtet. Eine erhöhte Nachfrage war hier eher ein Problem, da sie einen kostenintensiven Ausbau der Produktionsstätten erforderte. Nach dem Krieg ergriff das amerikanische Modell der Produktivitätssteigerung deutsche Ökonomen, Manager und Arbeitswissenschaftler. Der Deutsche Herbert Gross, der von 1933 bis 1942 in einer New Yorker Nachrichtenagentur gearbeitet hatte, publizierte im Nachkriegsdeutschland den Bestseller *Manager von Morgen* und erklärte darin den deutschen Unternehmern die neuen Regeln der Wirtschaft: »Der moderne Großunternehmer paßt sich den Marktverhältnissen nicht passiv-merkantil an, indem er jede Schwankung der Preise nutzt; sondern er hilft am langfristigen Aufbau des Marktes im Sinne der Stetigung des Absatzes und damit seines Unternehmens. Der moderne Unternehmer schafft den Markt, indem er die Nachfrage und den Bedarf weckt, für ihn bedeutet erhöhte Nachfrage nicht steigende Kosten, sondern eher das Gegenteil. Die Preise werden niedriger angesetzt, um die Nachfrage anzuregen und Erzeugnisse in den Kaufbereich einer neuen Schicht von Verbrauchern zu bringen – aus Luxusgütern werden Notwendigkeiten.«[51] Deutsche Studiengruppen – organisiert unter dem Dach des Rationalisierungskuratoriums der Deutschen Wirtschaft – machten sich in der Nachkriegszeit schnell ein Bild von den neuen Absatztechniken in den USA. Sie berichteten nach ihrer Rückkehr fasziniert von Amerika: »Unternehmer, Arbeitnehmer und Behörden sind growth minded (wachstumsbewußt)«, und: »Neben der Stabilität der Kaufkraft des Dollars gibt es nur eine Stabilität, die Amerikas Wirtschaft braucht: die Stabilität des Wachstums.«[52] Gleiches im Sinn, resümierte Gross in seinem Bericht aus Amerika: »Den modernen Manager interessiert die Stetigkeit des Unternehmens, was ein dynamischer Begriff ist und deshalb die Steigerung der Produktion voraussetzt.«[53] Die Optimierung des Bestehenden war gestern, fortan sollte die beständige Steigerung als die fortschrittlichste Wirtschaftsphilosophie gelten.

Fasziniert waren die deutschen Reisenden auch von der Art, wie diese neuen Prinzipien an die Arbeitnehmer kommuniziert wurden. »Planmäßig lenkt die Geschäftsführung von General Electric die Aufmerksamkeit ihrer Belegschaft auf die Notwendigkeit maximaler Leistungssteigerung«, schwärmt Gross in seiner Manager-Bibel.[54] 1913 hatte der Verein der Deutschen Ingenieure noch dafür plädiert, die Arbeitsvorgänge so zu gestalten, dass keine »Maximalleistung erpresst« wurde, sondern jenes der »Eigenart« des Menschen angepasste Optimum zu finden war.[55] Damit übereinstimmend hatte 1931 der Präsident der Vereinigung der Deutschen Arbeitgeberverbände die folgende Überzeugung vertreten: »Von einem optimalen Arbeitserfolg wird man sprechen können, wenn er auf der dauernden Leistungsfähigkeit des Arbeitnehmers beruht. Nimmt man diese nicht zur Richtschnur, wird sich im Einzelfalle wohl eine maximale Leistung erreichen lassen, nicht aber eine im gesamtwirtschaftlichen Sinne optimale Leistung.«[56]

Dieses lange von der deutschen Industrieelite vertretene Konzept eines ›Leistungsoptimums‹ erschien in der Nachkriegszeit vor dem Hintergrund der wirtschaftlichen Überlegenheit der USA zunehmend unzeitgemäß. Ein völlig neuer Blick auf die wirtschaftliche Theorie und Praxis entstand. Noch in der Weimarer Republik hatte ein Klassiker der Wirtschaftslehre, Heinrich Nicklischs *Wirtschaftliche Betriebslehre*, angemahnt: »Die Erwerbswirtschaft ist Bedarfsdeckungswirtschaft. Wenn es anders wäre, könnte der Sinn der Wirtschaft nur noch Spiel ums Geld sein, und das ist etwas ganz unwirtschaftliches. Das führt zu Störungen im Wirtschaftsleben. Das Maß aller Wirtschaft liegt im bedürfenden Menschen begründet.«[57] Im Nachkriegsdeutschland erfolgte durch diesen Vergleich mit Amerika nichts weniger als ein Paradigmenwechsel in der ökonomischen Theorie und Praxis: Firmen, die zuvor über lange Zeit mit festen Produktionskapazitäten und fixen Bedarfsschätzungen gewirtschaftet hatten, wandelten sich von Marktakteuren, die ihr Angebot an der Nachfrage (also: am Bedarf) ausrichteten, zu aktiven Treibern von Nachfrage. »Der moderne Wettbewerb besteht nicht aus individuellen Käufen und Verkäufen oder aus Preisen allein. Der Preis ist nur einer der vielen Faktoren, welche den Markt für ein Erzeugnis bestimmen«, erklärte Gross. »Einflußreicher ist der Aufbau des ›Goodwill‹ und einer sich wiederholenden Nachfrage. So hat auch der Wettbewerb einen unterschiedlichen Charakter gegenüber dem freien Markt, da er auf die Sicherung der Kontinuität durch die Schaffung eines Systems ausgerichtet ist, das mit steigender Leistungsfähigkeit einer sich ständig weitenden Gruppe von Kunden dient.«[58] Amerikanische Firmen machten vor, wie man durch niedrige Preise, die zunächst unter dem Produktionspreis lagen, »in Verbindung mit Reklame die Massenmärkte selbst aufbaut«.[59] Statt weniger Güter herzustellen, wurde der Bedarf künstlich in die Höhe getrieben, um »der wieder beginnenden industriellen Überproduktion Herr«[60] zu werden.

Diese neue Idee einer permanenten Produktions- und Absatzsteigerung traf bei deutschen Unternehmern auf offene Ohren. Der Krieg selbst hatte hier eine entscheidende Rolle gespielt, weil er »Maschinentechnik und Massenfertigung erst recht vorwärtspeitschte und damit eine noch gefährlichere Überproduktion vorbereitete«, so der Metallunternehmer Josef Winschuh. »Zugleich war er ein vorübergehender ›Heiler‹ der Absatzkrise.«[61] Nachdem der kriegsbedingte Absatzmarkt weggebrochen war, konnte »totes Kapital am Markt nur dadurch wieder lebendig gemacht werden, wenn durch eine Steigerung des Verbrauches der Markt erweitert wird«, ergänzt hier ein Human-Relations-Klassiker der 1950er Jahre.[62] Dass von diesen Erwägungen überhaupt in einem Personalmanagement-Buch zu lesen war, hatte seine besondere Bewandtnis: Für die Steigerungsökonomie war in noch weit größerem Maße als vor dem Krieg das ›Mitziehen‹ der Arbeiterschaft erforderlich. Die Ausweitung der Gütermenge musste deshalb für die Arbeitnehmer als Vorteil erscheinen. Und es galt, deren Konflikte mit den Unternehmern in den Griff zu bekommen. 1956 betonte das Rationalisierungskuratorium der Deutschen Wirtschaft: »Die Bedeutung der Human Relations für die Produktivitätssteigerung in der Industrie ist in den letzten Jahren schon fast zu einem Schlagwort geworden.«[63] Der Unternehmer Josef Winschuh machte in diesem Zusammenhang in einem Vortrag vor Nachwuchs-unternehmern deutlich: »Den bisher in Theorie und Praxis vernachlässigten Absatz der Güterproduktion aufs stärkste zu entwickeln und planmäßig für ungestörten und steigenden Verbrauch zu sorgen ist die einzige, übrigens humanste Peitsche der Konjunkturstabilisierung, die uns bleibt. Das bedeutet, daß eine breite Hebung des Lebensstandards der Massen nicht nur die Folge, sondern auch die Voraussetzung einer krisenfreien Wirtschaft ist.«[64]

Fortan war also die Voraussetzung für das Funktionieren eines übersättigten Marktes ein permanentes Wachstum der Gütermenge, um die Kapitalverzinsung in Gang zu halten. Die Arbeitnehmer gleichzeitig als Abnehmer zu entdecken, die die Überproduktion durch ihren Konsum aufnehmen sollten, war die Lösung der Absatzkrise in der Nachkriegszeit. Die beträchtlichen Lohnsteigerungen der ›Wirtschaftswunderjahre‹ waren weniger das Ergebnis besonders ›partnerschaftlicher‹ Beziehungen zwischen Arbeitgebern und Arbeitnehmern. Vielmehr gehörten sie zur Funktionslogik einer Ökonomie, die nationale Massenmärkte mit starker Binnennachfrage für ihre Produkte brauchte.

Diese instrumentelle Symbiose zwischen erhöhten Löhnen zur Konsumption der Produktionsüberschüsse löste sich konsequenterweise mit der Öffnung der globalen Märkte Ende des 20. Jahrhunderts auf: Sobald die Unternehmen leichteren Zugang zu Absatzmärkten im Ausland erhielten, stagnierten oder sanken die Löhne in Deutschland. Deutsche Arbeitnehmer waren für die Absorption der Überproduktion nicht mehr entscheidend.[65]

Die Nachkriegsstrategie der Unternehmen hatte indes dauerhafte Effekte auf das menschliche Gefüge der Betriebe, galt die Prämisse eines verstetigten Wachstums doch längst auch in der Personaltheorie und im Personalmanagement. Auch für Gross war die Steigerung der wettbewerblichen Leistung eine Frage der persönlich-menschlichen Beziehungen: »Die Sicherung einer leistungsfähigen Wirtschaft erfordert nicht nur wettbewerbliche Ordnung, sondern auch ein neues soziales Partnerschafts-Gewebe, das den Menschen Befriedigung gibt und die soziale Neurose nimmt.«[66] ›Neurotische‹ Charaktere also mit bisweilen unliebsamen Eigenschaften rieben sich an der Mechanik einer auf ständige Steigerung angewiesenen Ökonomie. Das Konzept der entwicklungsfähigen Persönlichkeit passte da viel besser. Die psychotherapeutischen Strömungen, die in den 1940er Jahren bekannter geworden waren, versprachen hier pragmatische Abhilfe: Die unterbewusst schwelenden »persönlichen Gefühlskonflikte« ließen sich lösen, sodass ein größerer »Teil der Gedanken und Kräfte für die äußere Leistung disponibel«[67] bliebe. Felix Scherke, Professor an der Wirtschaftshochschule Nürnberg und einer der Vorreiter der therapeutisch fundierten Betriebspsychologie, brachte Unternehmen das neue dynamische Menschenbild wie folgt nahe: »Wer auf irgendeinem Lebensgebiet (Beruf und Arbeit – mitmenschliche Beziehungen)

Schwierigkeiten macht, der hat in der Entwicklung seiner Persönlichkeit bestimmte Schwierigkeiten, mit denen er nicht oder noch nicht fertig geworden ist. Solche seelischen Spannungen können in Störungen zum Ausdruck kommen (z. B.: dauernde Unzufriedenheit, Miesmachen, Gegeneinanderarbeiten, Streitfälle, Affektausbrüche und Beleidigungen, Unpünktlichkeit, Blaumachen und zahlreiche ähnliche Schwierigkeiten in der Zusammenarbeit mit Kollegen und Vorgesetzten).«[68] Die Nische für berechtigte negative Gefühlsäußerungen am Arbeitsplatz schrumpfte dadurch beträchtlich.

Unzufriedene Arbeitnehmer sollten ihre ›Neurosen‹ in den Griff bekommen; wer sich dem neuen Entwicklungsgedanken nicht anpasste, galt als ›schwierig‹. Negative Gefühle hatten dadurch immer weniger Platz in einer Wirtschaftsform, die sich von mehrjährigen Produktions- und Investitionszyklen verabschiedet hatte und nun jährlich beschleunigten Steigerungsraten zustrebte. Mit der Ausbreitung des tiefenpsychologischen Wissens in den Arbeitswissenschaften wuchs die Erwartung, dass Arbeitnehmer sich aktiv um eine Lösung ihrer persönlichen Konflikte bemühten, um ohne psychische Beeinträchtigungen und Energieverluste arbeiten zu können. Psychisch ›ungehemmt‹ oder zumindest entwicklungsbereit zu sein, wurde zur normativen Voraussetzung für die Arbeitnehmer der Zukunft. Auf diese Art wurde eine ›gesunde‹ biografische Entwicklung des Einzelnen zunehmend zur ›Kapitalform‹, welche zwar weit abseits des Fabrikgeländes entstand, jedoch dort gewinnbringend eingesetzt werden konnte und sollte.

Die nächste Dynamisierungsanforderung an den Gefühlshaushalt der Arbeitnehmer erfolgte, als die therapeutischen Persönlichkeitsmodelle in den 1970er Jahre von den sogenannten Motivationstheorien abgelöst wurden. Nun wurden Arbeitnehmer nicht mehr nur in die Pflicht genommen, sich über ihre Neurosen und unterbewussten Hemmnisse hinaus zu entwickeln oder vielmehr ihre negativen Arbeitsgefühle verschwinden zu lassen. Nun sollte der Arbeitnehmer aus sich selbst heraus positive Arbeitsgefühle generieren – »to have a generator of one's own«, wie der Motivationspionier Herzberg den Idealzustand des Arbeitnehmers formuliert hatte. Die positiven Arbeitsgefühle kamen laut Herzberg nicht durch gute Arbeitsbedingungen, gute Sozialkontakte bei der Arbeit oder durch eine materielle Absicherung zustande. Sie würden vielmehr allein durch Erfolgssituationen entstehen, durch Momente, in denen der Arbeitnehmer etwas erstmalig gemeistert hatte: eine neue, bislang unbekannte Aufgabe, zusätzliche Verantwortung oder die Erfüllung höher liegender Leistungsziele. Diese Art von ›Job Satisfaction‹ – emotionaler Befriedigung – war per definitionem rein punktuell. Einmal geschafft, war die jeweilige Herausforderung gebannt und bedurfte neuer, noch schwierigerer Anreize. Um sich dauerhaft erfüllt bei der Arbeit zu fühlen, so Herzberg, musste der Arbeitnehmer daher immer wieder nach anderen Situationen streben, in denen er neue Aufgaben bewältigen und als Persönlichkeit ›wachsen‹ konnte. Ein Psychologie-Ratgeber erklärte Anfang der 1970er Jahre Vorgesetzten den emotionalen Hebel der Motivation: »Das Bedürfnis nach Selbstachtung ist nie voll befriedigt, die Maßstäbe und Ziele werden stets verändert und neu gesetzt. Auch die Erfüllung wird nie vollständig sein, bzw. bei der Erfüllung und Erreichung eines Zieles wird ein neues gesteckt.«[69]

Seit den 1970er Jahren steht das Personalmanagement nun schon unter diesem Stern: weniger Routine, komplexere Aufgaben und mehr Verantwortung! Bereits Herzberg bezeichnete »routine« als ein »lack of growth«[70] – einen Mangel an Persönlichkeitswachstum. Die Arbeit solle »langfristig psychologisches Wachstum ermöglichen«, forderte auch das Rationalisierungskuratorium der Deutschen Wirtschaft in seinem Handbuch.[71] Es war eigens zur Anleitung von Arbeitsprozessen erstellt worden, die zu mehr Autonomie und Verantwortung der Beschäftigten führen sollten.

Firmen wie Daimler, Opel, Philips oder Bosch schlossen zu diesem Zweck ihre Fließband-Monteure in teilautonomen Arbeitsgruppen von fünf bis 30 Arbeitnehmern zusammen. Diese Gruppen organisierten fortan ihre Logistik, die Versorgung mit Nachschub an Materialien, ihre Werkzeugausstattung und die Kontrolle ihrer Ergebnisse selbst. Statt einzelne Montageschritte von je einem Spezialisten am Fließband ausführen zu lassen, wurden alle in die Organisation des Produktionsprozesses mit einbezogen.

Verantwortung für das Gelingen wurde dadurch von den Produktionsleitern auf alle Gruppenmitglieder delegiert. Arbeitswissenschaftler betonten die emotionalen Vorteile dieses Organisationssystems: »Der Erfahrungsstand wird dabei durch Weiterlernen dynamisch verändert und die Situation spannender (positiver Stress).«[72]

In Zeiten schnellerer Produktionszyklen und erhöhter internationaler Konkurrenz ab den 1970er Jahren waren die Unternehmen auf flexiblere Mitarbeiter angewiesen, die sich für verschiedenartige Aufgaben qualifizierten und selbst ganze Bereiche eigenständig verwalteten. Werner Maly, der HR-Chef von Siemens, beschrieb die zeitgenössische Vision für seine Firma in diesem Sinne: Der Betrieb sollte nicht einem schwerfälligen hierarchischen Tanker ähneln, sondern einer Flotte von ›Speed-Booten‹, deren selbstverantwortliche Crews vom Geist der Motivation getragen waren.[73]

Die früher gängige Vorstellung, dass verschiedene Arbeitnehmer mit ganz unterschiedlichen Bedürfnissen an die Arbeit herangingen, wurde durch die Motivationstheorie verdrängt. Herzberg schuf gewissermaßen durch seine Theorie das Bild eines unermüdlich steigerungswilligen Arbeitnehmers, um ihn dann als Faktum vorauszusetzen. Die Charakterologie der Weimarer Republik hatte die Arbeitnehmerschaft noch in ›Typen‹ unterteilt, von denen einige Routinen liebten, andere mehr Abwechslung brauchten. Alle ›Charaktertypen‹ hatten jedoch ihre Existenzberechtigung, man musste sie nur charakterspezifisch einsetzen. In einer der bekanntesten Abhandlungen zur ›Arbeitsfreude‹ in den 1920er Jahren hieß es noch: »Das Bedürfnis nach Initiativausübung (mit anderen Worten: der Anspruch auf Befriedigung der schöpferischen Instinkte) als Bedingung zur Arbeitsfreude ist individuell sehr verschieden.«[74] Aus Interviews, die aus dem Kaiserreich stammten, wissen wir, dass viele Arbeiter Routinetätigkeiten durchaus zu schätzen wussten. »Das immerwährende Einerlei der Beschäftigung kann mich nicht anöden, weil ich gerade dadurch Zeit zum Nachdenken gewinne«, gab ein Weber dereinst dem Arbeitsforscher Levenstein zu Protokoll. »Die ewig gleichmäßigen Bewegungen der Maschine tangieren mich nicht im mindesten, weil sie längst zur absoluten Selbstverständlichkeit geworden sind.«[75]

Demgegenüber suggerieren die Motivationstheorien der 1960er und 1970er Jahre, dass alle arbeitenden Individuen nach Selbstverwirklichung am Arbeitsplatz streben, dass alle im Rahmen immer komplexerer Aufgabenstellungen wachsen wollen und auch alle dazu gleichermaßen befähigt sind. Das Persönlichkeitsmodell der Motivationsforscher stellt sich als noch fluider und formbarer als jenes der ›entwicklungsfähigen Persönlichkeit‹ in den 1950er Jahren dar. Arbeitnehmer wurden nun nicht mehr als Person mit festem Wesenskern gesehen, der von Hemmungen befreit und dadurch entfaltet werden musste. Ab den 1970er Jahren wurden sie als ›Potenzial‹ ohne festen Kern definiert – grundsätzlich unbegrenzt und in jede Richtung ausbaubar. Das Buch *Menschenkenntnis für Manager* aus dem Jahr 1977 brachte die »Grundfrage« auf den Punkt: »Ist der andere wirklich so, wie er sich mir zeigt – oder könnte ich etwas dazu tun, damit er so werden kann, wie ich ihn gerne hätte ›erkennen‹ wollen? (…) Damit wird die Menschenkenntnis als Manageraufgabe dynamisch und der urteilende Manager wird zum Menschen-Erkenner zur Erfassung des jeweils Menschen-Möglichen. (…) Mit dieser Erkenntnis wird ein Signal zum Wachstum gesetzt.«[76]

Mit der ›Arbeitszufriedenheit‹ des Kaiserreichs hatte die Idee der emotionalen ›Befriedigung‹ am Arbeitsplatz nichts mehr gemein. ›Job Satisfaction‹ beschreibt einen emotionalen Ausnahmezustand: den kurzen glücklichen Moment, in dem ein Ziel erreicht, eine Aufgabe geglückt oder ein Erfolg eingefahren wurde. Schon kurz danach ist dieses Gefühl verschwunden, und es beginnt die Jagd nach einer neuen Erfüllung. Das dynamische Suchen nach emotionalen ›Highlights‹ im Arbeitsalltag ist normativ in zweierlei Hinsicht: Zum einen qualifiziert es eine Zufriedenheit mit alltäglichen vertrauten Situationen als zu ›passiv‹ ab. Zum anderen setzt es als Standard einen Arbeitnehmer, der im Job neue Herausforderungen sucht und aus dynamisch wechselnden Anforderungen sein Wohlgefühl herleitet. Wer in einem Bewerbungsgespräch zugibt, mit seiner vertrauten Arbeit zufrieden zu sein, hat in der beschleunigten und dynamisierten Wirtschaftsordnung seit den 1970er

Jahren schlechte Karten. ›Persönlichkeitswachstum‹ als Dauerzustand ist bemerkenswerterweise just zu jenem Zeitpunkt zur Norm erhoben worden, als die wirtschaftlichen Wachstumszahlen stagnierten und nur durch einen gesteigerten Einsatz der Arbeitnehmerschaft eine Gewinnerwartung aufrechterhalten werden konnte.

Ein jeder seines Glückes Schmied

Die Emotionalisierung der Arbeitsverhältnisse im 20. Jahrhundert wäre nicht denkbar ohne eine damit einhergehende vierte Entwicklung, die ich die ›Individualisierung der Arbeitnehmer‹ nennen möchte. Nicht ohne Grund war diese für die Unternehmen von besonderem Interesse: Zum einen sollte sich der Arbeiter nicht mehr dem streikenden Arbeiterblock zugehörig fühlen, der in seiner ›Kollektivexistenz‹ den ›Kapitaleignern‹ feindlich gegenüberstand, unbequeme Verteilungsfragen stellte oder Sozialrechte einforderte. Gefragt waren Arbeitnehmer, die sich als Individuen verstanden, die sich vor allem mehr für ihr eigenes Fortkommen als für das ihrer sozialen Schicht interessierten und die sich dem Unternehmen gern im Glauben an den eigenen Vorteil partnerschaftlich verbunden fühlten.

Zum anderen fokussierten Unternehmen im 20. Jahrhundert immer stärker die Leistung des Einzelnen statt der gesamten Belegschaft. Wer Einzelleistungen minutiös beobachtete und optimierte, wurde mit eindeutig messbaren Produktivitätssteigerungen belohnt, im Gegensatz zu Firmen, die den Einzelnen in der Masse nicht genau verfolgten.

Dieser Individualisierungsprozess vollzog sich in mehreren Phasen: In der Weimarer Republik waren Unternehmer zunächst darauf bedacht, die Arbeiter aus ihrer gefühlten Klassenzugehörigkeit herauszulösen und ihnen stattdessen in der betrieblichen ›Werksgemeinschaft‹ ein Zuhause zu bieten. Auf der Sitzung des Vereins der deutschen Eisenhüttenleute gewährte 1925 ein Vortrag unter dem Titel *Massenpsychologie und Arbeitserfolg* Einblick in die unternehmerische Motivation: »In den Gewerkschaften hat man es wohl begriffen, wie man Massen zu gewinnen und zugleich auf bestimmte Zwecke hin zu organisieren und zu leiten hat. Die Wirtschaft hingegen, die innerhalb ihrer Fabrikmauern Millionen und Abermillionen leitet, hat die Arbeitsmassen viel zu sehr sich selbst überlassen, oder sie begnügt sich mit dem aufgedrungenen Abwehrkampf gegenüber wirtschaftsfeindlichen Verbänden der Arbeiterbewegung. Drum ist es Zeit, daß wir die Frage aufwerfen und zu beantworten suchen, wie eine auf Mitarbeit einer Masse von Menschen angewiesene Wirtschaft psychologisch beraten sein muß, um das uralte wirtschaftliche Gesetz zu erfüllen, mit den verfügbaren Mitteln möglichst großen Erfolg zu erzielen.«[77]

Deutsche Großunternehmen ließen sich fortan zunächst von Betriebssoziologen und Industriepädagogen beraten.

Erstere entwarfen mit dem Konzept der Betriebsfamilie einen Gegenentwurf zur ›Massenbewegung‹ der Arbeiter, um den emotionalen Bezugspunkt im einzelnen Unternehmen zu verankern.

Die richtige ›Menschenbehandlung‹ sollte dem jeweiligen Betrieb ein menschliches Antlitz verleihen. Es sollte einen Unterschied machen, für welches Unternehmen man tätig war. 1931 beschrieb der in Personalfragen bewanderte Ingenieur Arved Dach diesen Effekt: »Der Werksgemeinschaftsgedanke ist die denkbar stärkste Verneinung des Gewerkschaftsprinzips; erstrebenswert ist ein ›Sichwiederfinden der Unternehmer und Arbeiter im Einzelbetrieb und die Ermöglichung individuell betrieblicher Abreden‹, denn die tariflich öffentliche Regelung der Arbeitsbedingungen hat erreicht, daß auf beiden Seiten der Wirtschaft ausgerechnet das getötet wird, was aller Kultur und Gesittung, aller Politik und Wirtschaft Grundlage ist: die Persönlichkeit.«[78]

An dieser Stelle entwickelte die Industriepädagogik Ausbildungskonzepte für Unternehmen, die die Persönlichkeit des Arbeiters in den Fokus rückten und systematisch adressierten: Die Auszubildenden sollten nicht als eine ›Nummer‹ unter vielen, sondern individuell und empathisch behandelt werden. Der Ausbilder sollte nicht herrisch, sondern unterstützend reagieren, denn: »Wer der Forderung, der Erzieher habe die seelische Individualität seiner Zöglinge zu berücksichtigen, den Vorwurf des Individualismus entgegenhält, beweist damit lediglich seine eigene Kurzsichtigkeit. Je mehr der einzelne nicht zum uniformen

Produkt einer Masse, sondern zum Glied eines Ganzen gemacht wird, wird er seine besondere Aufgabe und Funktion erfüllen. Eine Zerschlagung der persönlichen Individualität aber führt immer nur zur Vermassung.«[79]

Nicht nur Ausbilder, sondern alle Vorgesetzten im Betrieb – vom Meister bis zum Ingenieur – wurden dazu angehalten, einen individuell ›freundlichen Ton‹ einzuüben. Sie sollten an den einzelnen Mitarbeitern aufrichtiges Interesse zeigen und sie als Persönlichkeit wahrnehmen. Der Unternehmer Winschuh empfahl bereits 1923 für den Umgang mit dem jeweiligen Mitarbeiter: »Der Ingenieur muss im Bilde sein über seine Eigenart, seine Stärken und Schwächen sowie seine allgemeinen Familienverhältnisse, sowie sie das Gemütsleben des Mannes bestimmen.«[80]

Mit diesen Neuerungen reagierten die Unternehmen durchaus auf typische Beschwerden, die die Arbeiter seit Langem geführt hatten. Sie fühlten sich wie das Betriebsinventar behandelt und nicht als Person wertgeschätzt – solcherlei Vorwürfe fanden sich in zahlreichen Arbeiterinterviews: »Die meisten Chefs grüßen ihre Arbeiter morgens und mittags nicht, wenn sie in den Arbeitsraum treten«, oder: »Wenn ich mehr Achtung kriegen täte. Aber der Fabrikant grüßt mich nicht.«[81] Moderne Unternehmen hielten deshalb ab den 1920er Jahren ihr mittleres Management dazu an, die Arbeiter namentlich zu kennen und freundliche Worte ganz individuell und regelmäßig auszusprechen.

Hinter all diesen Bemühungen stand »die Erhebung des Einzelnen aus der Massenexistenz zur selbstbewußten Persönlichkeit«[82], wie es der Industriellenverband DINTA in der Weimarer Republik beschrieb. Der gewünschte neue »Arbeitertyp« war »tüchtig, seines Wertes sich bewußt, auf die Besserung seiner Lebensverhältnisse bedacht, aber zu stolz, um sich in eine von heimlichem Haß vergiftete Opposition zu seinem Werk treiben zu lassen«.[83] Der Verband DINTA war nach 1933 unmittelbar in die nationalsozialistische Einheitsgewerkschaft Deutsche Arbeitsfront (DAF) übergegangen.

Nun lief die betriebliche ›Individualisierungsarbeit‹ konsequent unter völkischen Vorzeichen weiter. Es mag verwunderlich erscheinen, aber auch der Nationalsozialismus setzte im Zeichen der Leistungssteigerung seiner Betriebe auf das Rezept *Individualisierung*. Hatten Betriebssoziologen bereits in der Weimarer Republik zur Verwendung eines Leistungslohnes geraten (statt flächendeckender Löhne), »um die Persönlichkeit im Arbeiter zur Geltung zu bringen«[84], so versuchte die DAF dieses Entgeltsystem nun durchgehend einzuführen. In ihrem Mitteilungsblatt schrieb sie 1942: »Ein Baubetrieb ermöglichte nach Umstellung auf das System der Leistungsrichtsätze nach eigenen Angaben eine Gesamtsteigerung der Leistung von 40 bis 65 Prozent. Das letzte Beispiel beweist, daß die Betriebsführer, welche sich mit besonderer Sorgfalt dem individuellen Arbeitseinsatz widmen, um darauf das System des Leistungslohnes aufzubauen, große Erfolge in der Aktivierung von bis jetzt noch zurückgehaltenen menschlichen Leistungsreserven erzielen.«[85]

Um in diesem Sinne »die schöpferische Kraft des Einzelnen zu entwickeln«[86], wurden darüber hinaus weitreichende Maßnahmen eingesetzt: Die DAF führte den sogenannten Reichsberufswettkampf ein, bei dem sich Lehrlinge und Arbeiter einzelner Berufsgruppen erst auf regionaler, dann auf nationaler Ebene nach olympischem Prinzip miteinander messen sollten. 1938 nahmen zwei Millionen Arbeiter mit dem Ziel teil, als Sieger durch Hitler persönlich geehrt zu werden. Der zugrunde liegende Gedanke, Personalstrukturen wettbewerblich auszugestalten und kompetitive Elemente zwischen den Arbeitnehmern einzuführen, war mit dem folgenden Slogan bereits in der Weimarer Republik entwickelt worden: »Durch den Wettbewerb wird der Mensch frei von der Masse, er wird sich seiner selbst bewußt und wird stark in sich selbst.«[87]

Der Einzelne sollte den Ehrgeiz entwickeln, besser zu sein als seine Mitstreiter, beim Reichsberufswettkampf wie in der Fabrik. In den Lehrlingswerkstätten wurden hierfür in den 1920er Jahren Tafeln aufgestellt, auf denen die Leistung Einzelner im Vergleich zueinander verzeichnet war. Die Deutsche Arbeitsfront stattete im »Dritten Reich« die Werkstätten mit Spruchbändern aus, um auf diese Weise unaufhörlich am Aufstiegswillen der Lehrlinge zu arbeiten. So wurden sie gleich am Eingang der VW-Werkstatt mit den Worten begrüßt: »Steig auf, so hoch Du kannst, es führen Sprossen weiter; aus allem, was Du sannst – wir halten Dir die Leiter.« Und an anderer Stelle: »Trau dir was zu, dann wirst du auch etwas werden.«[88]

Den Ehrgeiz des Einzelnen zu entfachen, war seit den 1920er Jahren das erklärte Ziel der Betriebssoziologie: »Durch Aufstiegsmöglichkeiten sucht man die begabten und aufstrebenden Elemente der Belegschaften an den Betrieb zu fesseln – und nicht nur diese: die Chance des Aufstiegs erweckt selbst im nicht aufstrebenden Arbeiter das Gefühl, er könne weiter auf der sozialen und betrieblichen Stufenleiter, wenn er nur wolle, und das versöhnt ihn oft mehr mit seiner Lebensstellung als ein ganzes System von Sozialkassen. Diese Aufstiegschance im Betrieb verhütet innerbetrieblich das Umschlagen der Distanz zwischen Hierarchie und Belegschaft in einen absoluten Abstand. Sie dämpft die Entfaltung des echten Klassengegensatzes.«[89]

Den Einzelnen je individuell und nicht als Mitglied seiner Gruppe anzusprechen, war demnach ein zielgerichtetes Programm, um seine Aufmerksamkeit von den sozialen Kräfteverhältnissen abzuziehen und auf sein eigenes Fortkommen zu lenken. Diese Unternehmensstrategie zieht sich von der ersten in die zweite Jahrhunderthälfte durch:

In der Nachkriegszeit, als die Forderungen nach kollektiver Mitbestimmung in der Neuordnung der deutschen Wirtschaft besonders virulent wurden, setzten die Personalmanager auf die Herauspräparierung individueller Bezüge zum Unternehmen. Die Siemens-Personalabteilung gab die Losung aus: »So umständlich und mühselig es auch erscheinen mag, wir müssen an den Einzelmenschen herankommen. Wir müssen ihn ansprechen im weitesten Sinne des Wortes. Wir müssen ihn tangieren und bewegen im besten Sinne des Wortes. Wir müssen alles tun, daß er den Mut nicht verliert, Einzelner zu sein. Richtschnur des Verhaltens: Vom Einzelnen zum Einzelnen!«[90] Die Bundesvereinigung der Deutschen Arbeitgeberverbände erklärte 1953 ganz offen, dass sie den Forderungen nach mehr Mitbestimmung eine erhöhte Aufmerksamkeit für den Einzelnen entgegensetzen wolle: »Nicht eine das Wesen des Betriebes mißverstehende Demokratisierung, sondern die Humanisierung, die Pflege der Persönlichkeitswerte der Mitarbeiter bilden den Inhalt unserer sozialen Betriebsgestaltung.«[91]

Die Aufnahme psychotherapeutischer Elemente in die deutsche Arbeitswissenschaft ab den 1940er Jahren war hier nur konsequent. Und die Debatte um die Anatomie der Arbeitsgefühle nahm einen noch deutlicheren Schwenk weg von der ›Klassenlage‹ und den betrieblichen Arbeitsbedingungen hin zu den privaten Befindlichkeiten des Einzelnen. Ab den 1950er Jahren wurde ein Mangel an Arbeitsfreude ganz im Sinne der Tiefenpsychologie erklärt: Der ›schwierige‹ Arbeitnehmer hatte seine biografischen Konflikte nicht aufgearbeitet und brachte dadurch negative Emotionen von zu Hause mit an den Arbeitsplatz, oder wie es die Betriebspsychologin Erika Hantel 1953 formulierte: »Der Betrieb ist der Nebenkriegsschauplatz für alle nicht verarbeiteten Probleme, die in Ehe- und Erziehungsfragen, in Bezug auf Deklassierungsprobleme, politische Einstellungen und ungezählte andere menschliche Nöte entstanden sind. Die unerledigten, nicht abgelaufenen Affekte auf diesen Gebieten können nicht vor dem Tor des Betriebes abgelegt werden. Sie werden in den Betrieb getragen und verbreiten sich dort als die uns bekannten Phänomene der Mißstimmung, des Ärgers, des Neides und sonstiger negativer Gefühle.«[92]

Nicht mehr das Unternehmen musste also in erster Linie bessere materielle Bedingungen für positive Arbeitserfahrungen der Belegschaft schaffen; vielmehr stellte es von nun an lediglich Möglichkeiten zur Verfügung, damit der Einzelne zu guten Arbeitsgefühlen fähig werden konnte. Flächendeckend wurden in den deutschen Unternehmen der Nachkriegszeit nun Betriebspsychologen eingestellt, während Vorgesetzte umfassende Kommunikationsschulungen besuchten. Im Fokus all dieser Bemühungen stand zum einen das reibungslose Miteinander zwischen den einzelnen Arbeitnehmern, zum anderen die ›Begradigung‹ individueller psychischer Schwierigkeiten. War der Einzelne über seine inneren Beweggründe und unterbewussten Mechanismen erst einmal gut aufgeklärt, so die Grundannahme, würde sich auch die Gruppendynamik und das persönliche Verhältnis zur Firma ungestört entwickeln. »Die seelischen Verlustquellen«[93] für den Betrieb auszuschalten, war das Anliegen der Betriebspsychologie der 1950er und 1960er Jahre. Sie individualisierte dadurch sowohl die Ursache als auch die Lösung schlechter Arbeitsgefühle: Wurden in der ersten Hälfte des 20. Jahrhunderts emotionale

Phänomene, wie der ›Klassenhass‹ und der ›Industrieekel‹ der Arbeiter, selbst von den Arbeitswissenschaften noch in direkten Zusammenhang mit schlechten Arbeits- und Entlohnungsbedingungen gestellt, so verschob die Logik der Betriebspsychologie den ursächlichen Zusammenhang weg von den betrieblichen Umständen hin zur psychischen Situation des Einzelnen.

Paradigmatisch im Blick auf die Tendenz zur Individualisierung in den Arbeitsbeziehungen war der Tenor des Münchener Psychologen-Kongresses im Jahr 1949, mit dem Aufruf, »das Individuum zu einer selbstschöpferischen Mitarbeit zu bewegen und die vielfältig auftretenden Probleme aus eigener Kraft zu lösen«.[94]

Das Human-Relations-Management der Nachkriegsjahrzehnte hatte den Schwerpunkt der betrieblichen Arbeit noch auf die Verbesserung der Beziehungsdimension gelegt: Die emotionale Qualität der Verhältnisse des Mitarbeiters zu seinen Vorgesetzten, Kollegen, seinen Familienmitgliedern und zuletzt zu sich selbst stand im Mittelpunkt der Psychologie- und Kommunikationsschulungen in dieser Zeit. Das Human-Resources-Management hingegen, das in den 1970er Jahren den Human-Relations-Ansatz ablöste, brachte eine noch stärkere Fokussierung auf den Einzelnen mit sich. Die Beziehungsarbeit wurde nun zum ›Hygiene‹-Faktor degradiert, der für den Produktionsgewinn nicht entscheidend sei. Die Motivationstheoretiker der 1970er Jahre legten nun den Fokus der Leistungssteigerung auf individuelle Erfolgserlebnisse, Verantwortungsübernahme durch den Einzelnen, das Gefühl der Selbstverwirklichung und des Persönlichkeitswachstums. All diese neuen ›Schlüsselfaktoren‹ waren stark auf den einzelnen Arbeitnehmer und seine Steigerungsmöglichkeiten gemünzt. Durch weitreichende Delegation von Aufgaben und Ergebniskontrollen sollte sich der Einzelne stärker in der Pflicht für gelingende Arbeitsresultate fühlen, was letztlich zu einer Abkapselung von Gruppenprozessen und zu einer weiteren Individualisierung führte. Positive Arbeitsgefühle sollten nun nicht mehr in erster Linie aus gelungenen Gruppenprozessen bei der Arbeit entstehen, sondern aus der empfundenen Befriedigung über individuell zurechenbare Leistungserfolge.

Laut Werner Maly, Personalvorstand bei Siemens, wurden die negativen Wirkungen dieser Personalphilosophie in den 1980ern spürbar: »Man hat sich dadurch eine eigentlich unerwünscht hohe Zahl von Ellbogen-Typen herangezüchtet, die dann sehr schwer wieder zur Zusammenarbeit zu bringen waren.«[95] Der Ruf nach ›Teamwork‹ erklang bald danach. Mit dem entscheidenden Zusatz, dass ab dieser Zeit der Einzelne selbst für seine ›Teamfähigkeit‹ verantwortlich war und sie als bereits kultivierte Einstellungsvoraussetzung mitbringen sollte. Über weite Teile des 20. Jahrhunderts hatten Firmen zuvor die Interaktionsprozesse ihrer Angestellten gesteuert und angeleitet. Nun wurden Letztere danach beurteilt, wie gut sie diese Aufgabe selbst übernahmen.

Diese historische Linie der gezielten Stärkung des Einzelnen hat sich bis heute kontinuierlich fortgesetzt: Individualisierende Techniken wie die persönliche Ansprache, Vergütungssysteme, die die individuelle Leistung honorieren, Feedback-Gespräche zur je eigenen Leistung, maßgeschneiderte Fortbildungs- und Entwicklungskonzepte, aber auch die personalisierte Leistungsvermessung im Gewand individueller Zielvereinbarungen sind für Firmen ein Garant für Leistungssteigerung und Mitarbeitermotivation. Die emotionale Adressierung des einzelnen Mitarbeiters konnte im 20. Jahrhundert eine enorme produktivitätssteigernde Wirkung entfalten – zum einen durch höhere Leistungen pro Arbeitsstunde, zum anderen durch verminderte Arbeitskämpfe. Nimmt man diese historisch niedrigen Streikzahlen als Gradmesser, dann leben wir heute in einer hochindividualisierten Arbeitnehmerwelt. Max Weber hatte um 1900 noch ein hohes »Solidaritätsgefühl« unter Arbeitnehmern beobachtet, die durch die gemeinsame Verabredung, langsam zu arbeiten, die Unternehmer dazu zwangen, die Stücklöhne nicht zu kürzen oder auch das Arbeitstempo nicht zu erhöhen.[96] Heute sind die Beschleunigung des Arbeitstempos und die zunehmend auseinanderklaffende Lohnschere auch deshalb möglich, weil sich Arbeitnehmer als Einzelkämpfer sehen und sich von der Erhöhung ihrer individuellen Leistung erhoffen, doch noch etwas ›mehr‹ an Gegenleistung vom Arbeitgeber zu erhalten als die weniger leistungsfähigen Kollegen.

Was sich eine Gesellschaft vergibt, wenn sie sich die Arbeitsbevölkerung nur noch als Ansammlung individualisierter Einzelner vorstellt, hat der Arbeitshistoriker Thomas Welskopp bereits benannt[97]: Wenn die analytische Kategorie der Klassenzugehörigkeit fällt, kann auch nicht mehr über soziale Ungleichheit gesprochen werden. Dann erscheint jeder als seines Glückes Schmied und die ungleiche Verteilung von Chancen und Einkommen als das gerechte Ergebnis individueller Leistungen.

III. Weniger ist mehr

Die historischen Trends heute und morgen

Die emotionale Ökonomie, die Unternehmen und Personalmanager im 20. Jahrhundert entworfen haben, hat sich in den Köpfen und Herzen der Arbeitnehmer des 21. Jahrhunderts erstaunlich fest etabliert. Zwei Faktorenbündel sprechen für diese tiefe Verankerung in unserer Arbeitskultur:

Zum einen wird das Mantra vom glücklich machenden Job täglich in mannigfacher Form als Botschaft von Unternehmen und Karriereratgebern weiterverbreitet. Man könnte fast sagen: mit einem erstaunlichen Innovationsmangel. Die heutige Sprache des Human-Resources-Managements ist eine bemerkenswert direkte Fortsetzung jener Personaltheorien, die in den 1970er Jahren entstanden sind: Ganz im Sinne Frederick Herzbergs wird der heutige Arbeitsplatz als Ort des Persönlichkeitswachstums vermarktet, als Quelle positiver Gefühle und als der Raum, in dem das Leben an Bedeutung gewinnt. Der materiellen Kompensation wird eine untergeordnete Rolle für die Erzeugung guter Arbeitsgefühle zugeschrieben (nur ein ›Hygienefaktor‹ im HR-Sprech), wohingegen der emotionale ›Kick‹ immer neuer inhaltlicher Herausforderungen beschworen wird. Wer mit einem übersichtlichen und beherrschbaren Arbeitsbereich einfach zufrieden ist, gilt als rückständig. Auch für Coach Martin Wehrle, dem Leiter der Karriereberater-Akademie Hamburg, ist die emotionale Erfüllung nur durch permanente Steigerung zu haben: »Unzufriedenheit schiebt Veränderungen an. Zufriedenheit ist ein Schaukelstuhl, sie schläfert ein. Der Zufriedene steht auf der Stelle, lebt im Gestern, wird überholt. Will ich Sie also zur Unzufriedenheit auffordern? Indirekt schon. Sie sollten sich rechtzeitig neue, größere Ziele stecken, damit sich erneut ein gewisses Maß an Unzufriedenheit einstellen kann. Dieser feine Stachel kann Sie und Ihr Berufsleben in Bewegung bringen.«[1]

Dieses ständige Sich-Strecken im Beruf als Garant für persönliche Erfüllung ist bei Weitem keine exklusiv an leitende Angestellte gerichtete Handlungsempfehlung. Ein gebräuchliches Schulungshandbuch der Industrie- und Handelskammer für angehende Industriemeister stützt sich nur mehr mit anderen Worten auf dieselbe Logik: Eine symbolische Bedürfnispyramide gipfelt auch hier in der ›Selbstverwirklichung‹. Die Befriedigung des als natürlich unterstellten »Wachstumsbedürfnisses« werde durch »das Gefühl, etwas zu schaffen«, und permanentes »Mitdenken« erreicht. Als Königswege werden Arbeitsmodelle wie das Job Enlargement der 1970er Jahre genannt, also die eigenverantwortliche Beschäftigung des Einzelnen mit komplexeren Tätigkeiten. Sie erzeugen der IHK zufolge positive Arbeitsgefühle und ermöglichen eine ›dynamische Anpassung an sich immer schneller wandelnde Bedingungen in den Märkten und im Wettbewerb‹.[2] Eine vermeintliche Win-win-Situation: Der Mitarbeiter wächst den Wachstumserfordernissen des Marktes hinterher, was wiederum sein Bedürfnis nach Selbstverwirklichung erfüllt und ihn glücklich macht.

Dabei werden nicht nur beständig die euphorisierenden Gefühlspotenziale der Erwerbsarbeit rezitiert. Ihre fortgesetzte Bedeutungsschwere gewinnt die Arbeit auch durch die seit den 1970ern bewährte Botschaft der Arbeitswissenschaften: Wer sich in der Arbeit nicht weiterentwickelt, stagniert auch privat. Die jahrhundertealte Frage, ob Arbeit zum persönlichen Wohlbefinden beiträgt oder es eher beeinträchtigt, wurde nämlich vor über 40 Jahren im Sinne des sogenannten Verstärkungsmodells entschieden: Die Arbeitserfahrung wirkt demnach immer auf den privaten Bereich ein – im positiven wie im negativen Sinne. Das konkurrierende ›Kompensationsmodell‹ mit der Kernaussage, ein gesundes Privatleben kann als Bastion gegen ein negativ gefärbtes Arbeitsleben bestehen, wurde damit als schlicht unplausibel abgetan. Wer also im Job nur wenig Handlungsspielraum und geringe Entwicklungsmöglichkeiten vorfindet, geht angeblich auch im Privatleben seiner ›Soziabilität‹ verlustig, sprich, seiner Fähigkeit, ein sozial gelingendes Leben zu führen. Arbeits- und Lebensfreude hängen nach diesem Konzept unmittelbar zusammen, was wiederum die Bedeutung der Arbeit für ein gelingendes Leben erheblich erhöht. An privaten Wendepunkten des Lebens – von der Geburt bis zum Tod – zeigt sich der normativ gesetzte Vorrang der Arbeit besonders eindrucksvoll vor allem in hoch qualifizierten Jobs: Viele Akademikerinnen (aktuell ein Drittel in den alten Bundesländern) verzichten auf Kinder trotz eines vorhandenen Kinderwunsches (93 Prozent der Frauen wollen Nachwuchs). 53 Prozent der Frauen stimmten 2012 in einer Umfrage des Wissenschaftszentrums Berlin der Aussage zu: »Wer Kinder hat, kann keine wirkliche Karriere machen«, 2007 waren das immerhin ›nur‹ 36 Prozent.[3] Diese Einschätzung ist leider nicht übertrieben vorsichtig. Die Resonanz, die Menschen allein in meinem Freundeskreis bei Schwangerschaften, Elternzeiten oder selbst nur einigen Tagen Arbeitsausfall wegen Kinderkrankheiten erfahren, lässt keine Zweifel daran, dass ihre Arbeitgeber eine Null-Toleranz-Politik gegenüber familiären Bedürfnissen fahren. Männer, die auch nur acht Wochen Elternzeit in Anspruch nehmen möchten, müssen sich die abschätzige Frage gefallen lassen, wie sie sich ihre Karriere im Unternehmen X denn überhaupt noch vorstellten; oder ihnen wird gleich vom zuständigen Chef der Personalabteilung Y mitgeteilt, dass sie ab jetzt keine Förderung mehr zu erwarten hätten. Frauen werden von zuständigen Chefs vorauseilend darüber informiert, Kind und Karriere seien zusammen nicht möglich. Junge Eltern werden von der Wahrnehmung ihres gesetzlich verankerten Rechts abgebracht, eine festgesetzte Anzahl an

Tagen für ihr krankes Kind zu Hause zu bleiben – einen dauerhaften Imageschaden im unmittelbaren Arbeitsumfeld tragen sie allein für den Versuch davon. Die ›Helden der Arbeit‹ haben nun mal kein Privatleben – zumindest keines, das erkennbar die Ansprüche der Arbeitswelt beschneidet. Je extremer die jeweilige Branche, desto stolzer werden private Entbehrungen als Berufsethos stilisiert: Übertroffen werden Großkonzerne, Universitätskliniken und Anwaltskanzleien hierin scheinbar nur noch von der Bankenbranche, für die eine jüngste Untersuchung[4] zutage brachte, dass sich Mitarbeiter darin übertrumpften, welche Beerdigungen ihrer engsten Angehörigen sie für die Arbeit ausfallen ließen.[5]

Was könnte schon wichtiger sein als ein Credit Swop, die Deadline für ein Marketingkonzept, das Züchten einer Bakterienkultur im Labor oder der Controlling-Abschluss für eine Haushaltsgerätefirma? Wer es mit seiner beruflichen Zukunft ernst meint, markiert den Vorrang dieser Tätigkeiten vor allzu menschlichen Regungen wie Geburt, Krankheit und Todesfall.

Im Umkehrschluss muss durch diese enorme Bedeutungszuweisung die Angst vor einem Job ohne ›Entwicklungsperspektive‹ steigen. Umfragen bestätigen, wie breit diese Logik verankert ist. 2008 befragte die *Initiative Neue Qualität der Arbeit* (INQA) 5400 Arbeitnehmer danach, was für sie gute Arbeit sei. Zwei Drittel der Befragten antworteten, gute Arbeit bedeute die »Weiterentwicklung eigener Fähigkeiten«.[6] Aus historischer Perspektive kann man dieses Selbstverständnis als beachtlichen Erfolg der deutschen Berufsbildung der letzten 150 Jahre werten: Zur Mitte des 19. Jahrhunderts, als Unternehmer die Arbeitnehmerschaft noch mühsam dazu disziplinieren musste, morgens pünktlich zum Werkseingang zu kommen und das Gelände nicht vor Arbeitsschluss zu verlassen, wäre es schwer vorstellbar gewesen, dass die Belegschaften in der Zukunft irgendwann mit einer positiven Erwartungshaltung in die Firma kommen und sich von der Arbeit mehrheitlich auch noch ein Plus für ihre persönliche Entwicklung versprechen. Heute treffen sich in diesem Punkt die Erwartungen der Arbeitnehmer und die Verheißungen der Unternehmen, ihren Angestellten Momente persönlichen Vorankommens und emotionaler Bereicherung zuteilwerden zu lassen.

Arbeitnehmer versprechen sich laut der oben zitierten INQA-Studie jedoch noch etwas anderes von ihrem Arbeitsplatz: Für 92 Prozent sind ein fest verlässliches Einkommen und – auf Platz zwei – die Sicherheit des Arbeitsplatzes wichtig. Hier klaffen Wunsch und Wirklichkeit weit auseinander. Und es zeigt sich, wie sich die beschriebenen historischen Entwicklungslinien in die Zukunft fortschreiben. Über die Gegenwart hinaus wird auch der Preis, den heute die Mehrheit der Erwerbstätigen implizit bezahlt und für den positive Arbeitsgefühle das Unterpfand darstellen, weiter ansteigen – allein aufgrund der Art, wie unsere Wachstumsökonomie funktioniert. Zunächst lohnt eine aktuelle Betrachtung jener vier Kompromisse, die Arbeitnehmern heutzutage zumeist abgefordert werden, wenn sie ihren Arbeitsplatz behalten möchten.

1. Dematerialisierung von Arbeit

Als ich einem guten Freund von meinem Konzept für dieses Buch erzählte, schickte er mir einen Weihnachtsbrief seiner Firma, einer namhaften Zeitung, für die er als Journalist arbeitet. Und die ihm im selbigen Jahr mehrere Monatsgehälter derart säumig überwiesen hatte, dass er sich von seiner (nicht wohlhabenden) Familie Geld borgen musste, um seinen laufenden Kosten nachzukommen. Irgendwann war es Zeit für seine ›Brotdiät‹, wie er es scherzhaft nannte, weil er nicht einmal mehr Geld für einen Supermarkteinkauf auf seinem Konto hatte. Trotz laxer Zahlungsmoral hatte das Zeitungsmedium in der gleichen Zeit stets absolute Verbindlichkeit samt unbezahlten Überstunden erwartet. Vor diesem Hintergrund also ein besonderer Weihnachtsbrief seines Chefs:

»Lieber X,
in diesen Adventswochen freuen wir uns auf stimmungsvolle Festtage mit Familien und Freunden, auf Momente des Innehaltens, um über Erreichtes nachzudenken.
Wir haben in der Zeit der größten Herausforderung gesagt: Wir ziehen alle an einem Strang. Wir können

uns aufeinander verlassen. Ich habe sehr viel Stärke erlebt. Sie zeichnet sich auch dadurch aus, dass wir gemeinsam Begeisterung entfachen können und uns vom Teamgeist mitreißen lassen. Ohne diesen ganz besonderen Spirit hätten wir zum Beispiel unsere Video-Reichweite nicht so unglaublich stark nach oben katapultieren können. (…)

Ich wünsche Dir und Deinen Liebsten für die kommenden Festtage von ganzem Herzen alle Gute. Bitte danke auch Deinen engsten Freunden und Familienmitgliedern für ihre Unterstützung. Unsere Familien und Freunde sind unser Rückgrat und unsere Kraftquelle. Sammle daheim Begeisterung, genieße die Ruhe. Diese innere Kraft ist es, die uns auch in schwierigen Situationen stärkt.

Ich freue mich schon jetzt, mit Dir gemeinsam in ein weiteres gutes Jahr zu starten. Danke, dass Du Teil der ZEITUNG X bist. Und danke, dass Du auch Teil meines Lebens bist. Du bist uns und mir eine sehr große Bereicherung!

Frohe und gesegnete Weihnachten!

Herzlichst, Y.«

In einem aufrichtigen und tatsächlich persönlichen Weihnachtsbrief hätte sich der Chef für die ihm entstandenen finanziellen Unannehmlichkeiten entschuldigt und nicht etwa auf die ›energiespendende‹ Funktion der Familie (für das Unternehmen!) verwiesen. Er hätte für das kommende

Jahr Besserung gelobt, um seine Wertschätzung zum Ausdruck zu bringen. Dieser Brief jedoch ist ein Paradebeispiel für eine überzogene Bedeutungs- und Gefühlszuschreibung an eine stilisierte emotionale Arbeitsgemeinschaft. Die tatsächlich vorhandenen Ressourcenkonflikte und eklatanten Mängel in der sozialen Absicherung der Mitarbeiter werden durch diese Feel-good-Rhetorik überdeckt. Mit den richtigen Arbeitsgefühlen kann die Sache mit dem Gehalt ja vernachlässigt werden, so die eindeutige Unternehmensbotschaft.

Beispiel zwei: Eine Freundin, die bei einer NGO für den Flüchtlingsschutz arbeitete, erzählte mir ›ihren Beitrag‹ zu diesem Buch: Sie hatte den Abschluss einer auf ihrem Gebiet führenden internationalen Universität in der Tasche, auf den mehrjährige Berufserfahrung folgte, und wurde für ihre Top-Qualifikation im Rahmen eines Einjahresvertrags mit einem unterirdischen Gehalt bezahlt. Und das in einer Lebensphase, mit 33 Jahren, in der sie gern eine Perspektive für eine Familienplanung gehabt hätte, mit einer Rückkehroption in einen unbefristeten Vertrag. Nota bene: Die betreffende NGO setzte sich insbesondere für Frauen und deren finanzielle Unabhängigkeit ein. Besagte Freundin konnte von ihrem bescheidenen Gehalt ihren Lebensunterhalt in einer teuren Großstadt nicht ohne ihren Partner finanzieren. Gearbeitet wurde bis nach 20 Uhr, gut und gerne bis 22 Uhr. Diese Freundin sollte weit mehr leisten als die in Teilzeit beschäftigten Kolleginnen, die tatsächlich nur die vereinbarten Stunden bis mittags tätig waren und keine unbezahlten Überstunden zu leisten hatten. Als sie ihre Chefin darauf ansprach, bekam sie eine bezeichnende Antwort: Die Teilzeitkolleginnen machten bei der NGO ja nur einen »Brotjob«. Der unausgesprochene Umkehrschluss war klar: Von ihr wurde erwartet, dass sie in der Arbeit ›mehr‹ als nur eine Einkommensquelle sah und deshalb über schlechte Bezahlung und Vertragsbedingungen großzügig hinwegsah.

Wer einwenden möchte, dass Menschen, die sich beruflich für den Journalismus oder die Flüchtlingshilfe entschieden haben, nun mal von vornherein hätten wissen müssen, dass sie damit auch eine finanziell schwierige Zukunft abonnieren, den mag das folgende Beispiel überzeugen: Ein Bekannter ist Unternehmensberater, also in einer Branche tätig, in der man über Geldsorgen üblicherweise nicht klagen muss. Dennoch ist auch sie durchwirkt von der Tendenz zur ›Dematerialisierung‹, wenn auch von einem hohen Plateau aus. Er begann seine Karriere mit Anfang dreißig als MINT-Absolvent einer Ivy-League-Universität in einer Firma, in der die Partner (55+) in seinem Alter noch um 17 Uhr den Feierabend einläuteten und innerhalb von 20 Jahren eine Villa in Bestlagen herausgearbeitet hatten. Besagter Freund aber schläft pro Nacht zwischen vier und sechs Stunden, weil er mit der Arbeit nicht fertig wird; er arbeitet auch am Wochenende und ist auch in 15 Jahren noch weit entfernt von einer Immobilie im Luxussegment. Das allseits um sich greifende Lebensgefühl, dass die ›fetten Jahre‹ der Vergangenheit angehören, zieht sich auch hier durch die Arbeitsverhältnisse. Dies ist kein firmenspezifischer Einzelfall, sondern allgegenwärtig in vergleichbaren Unternehmen, in denen vormals stattliche Betriebsrenten und Bonuszahlungen bei den Berufseinsteigern eingedampft werden und die auf ihren Karriere-Websites umso offensiver mit den ›emotionalen Benefits‹ ihrer Häuser werben: mit einem unvergleichlichen Teamspirit, spannenden Projekten, der Möglichkeit, sein ›Potenzial zu maximieren‹, Horizonterweiterung, Spaß beim permanenten Dazulernen und dem Versprechen, mit der jeweiligen Firma die Welt verändern zu können.

Der zunächst kontraintuitive Befund, dass selbst vermeintliche Gewinner, wie die High Potentials in Unternehmensberatungen, mit Wohlstandsverlusten konfrontiert sind, wird durch sozioökonomische Statistiken gedeckt. Diese zeigen deutlich, dass die Generation der heute unter 40-Jährigen trotz hohen beruflichen Einsatzes mit weniger monetärer Entlohnung rechnen kann. Eine einschlägige Studie des Deutschen Instituts für Wirtschaftsforschung stellte unlängst den folgenden generationalen Vergleich an: »Die Ungleichheit der Lebenseinkommen vom Jahrgang 1935 bis zum Jahrgang 1972 hat sich verdoppelt.«[7] Vor allem sei diese Ungleichheit auf eine erhöhte Lohnspreizung zurückzuführen, das heißt, ein immer kleinerer Prozentsatz der jüngeren Berufstätigen verdient heutzutage sehr gut, wohingegen die Realeinkommen eines immer größeren Teils stagnieren oder sinken. Es gibt sie zwar, eine kleine Schicht von jüngeren Angestellten, die Einstiegsgehälter im sechsstelligen Bereich einfahren, aber nach ihnen kommt in der Einkommenspyramide erst mal lange – nichts. Für den Großteil der jüngeren Beschäftigten ist die Erwerbsrealität durch die folgenden Zahlen der Stiftung für die Rechte zukünftiger Generationen auf den Punkt gebracht: »Die Leiharbeit hat sich unter jungen Beschäftigten nahezu verdoppelt. Jede zweite Neueinstellung ist befristet. Über 60 Prozent der jungen Beschäftigten unter 30 Jahren arbeiten zu prekären Bedingungen. Sie erhalten Niedriglöhne unter 1500 Euro brutto und/oder sind in atypischen Beschäftigungsverhältnissen angestellt. Lediglich 37 Prozent haben einen unbefristeten Vertrag mit einem Einkommen über 2000 Euro brutto« – in Steuerklasse I sind das 1355 Euro netto –, »weitere 13 Prozent haben einen unbefristeten Job mit 1500 Euro bis 2000 Euro Bruttogehalt, und alle andere müssen entweder mit extrem niedrigen Einkommen unter 1500 Euro brutto auskommen (19 Prozent), sind befristet beschäftigt (21 Prozent), sind in Leiharbeit (4 Prozent) oder in Minijobs (7 Prozent).«[8]

Zudem beteiligen sich Firmen immer weniger an der Altersabsicherung ihrer jüngeren Mitarbeiter: In den alten Bundesländern verfügen von den unter 45-Jährigen lediglich noch 26 Prozent über eine Betriebsrente, bei den 55- bis 60-Jährigen liegt die Quote bei knapp 40 Prozent. Zudem gilt: »Während noch vor einigen Jahren mehrheitlich die Arbeitgeber die betriebliche Altersversorgung ihrer Beschäftigten finanziert haben, so hat mittlerweile die arbeitnehmerseitige Finanzierung der betrieblichen

Alterssicherung ein hohes Gewicht bekommen.« Über Entgeltumwandlung soll sich mittlerweile der Arbeitnehmer seine Absicherung selbst aufbauen, der Anteil der arbeitgeberfinanzierten Alterssicherung sinkt kontinuierlich.[9]

Die Folgen sind bereits absehbar. Laut dem Deutschen Institut für Wirtschaftsforschung (DIW) haben die heutigen Bezieher unterer und selbst mittlerer Lebenseinkommen immer weniger Möglichkeiten, durch ihrer eigenen Hände Arbeit ein nennenswertes Vermögen anzusparen.[10] Bildung ist hierfür nicht der entscheidende Faktor, vielmehr zählt die Herkunft.

In die Riege der Großverdiener stößt man wegen der zunehmenden sozialen Schließung heutzutage eher als »protegierter Unternehmernachwuchs« vor als noch vor 40 Jahren, als der Weg zu den Topverdiensten auch Söhnen von Beamten und Angestellten offenstand, so der Sozialhistoriker Hans-Ulrich Wehler. Er bringt die Tatsache auf den Punkt, dass es eine Illusion ist, durch ein ›CV-Wettrüsten‹ könne man sich noch Zugang zu den immer exklusiver werdenden Top-Positionen verschaffen: Es seien weniger »Universitätsexamina und Doktortitel, Auslandsstudium und hochkarätige Praktika«, die den Ausschlag für diesbezügliche Einstellungsentscheidungen geben, »da ein großes Bewerberfeld diesen Kriterien entsprach. (…) Von dem Ideal einer offenen Leistungselite hat sich die Wirtschaftselite in ihrem sozialen Konzentrationsprozess immer weiter entfernt.«[11]

Zwei Professoren der Universitäten Berkeley und Yale enttarnten unlängst den Mythos, demzufolge die wachsenden Einkommensunterschiede auf mangelnde Bildungsvoraussetzungen zurückzuführen seien. Wäre dem so, würde sich die Schere in der Einkommensverteilung zwischen jenen mit einem Hochschulabschluss und jenen ohne öffnen. Dies ist aber eindeutig nicht der Fall. Die Schere öffnet sich tatsächlich zwischen der kleinen Schicht der privilegierten ›Top Executives‹, also hoch bezahlten Managern, und dem großen Rest: »Es handelt sich um das Davonziehen der Spitzenverdiener. Diese sind zwar oft hoch gebildet, aber das sind auch jene unter ihnen, die zusehends zurückfallen. Das erhöhte Einkommen der Mittelschicht lässt sich vor allem durch gestiegene Arbeitsstunden erklären, nicht durch gestiegene Einkommen. Ein typischer Berufsanfänger zwischen 25 und 35 Jahren mit einem Bachelor oder einem höheren Abschluss hat 2006 inflationsbereinigt mit einer Vollzeitstelle jährlich nur 1000 Dollar mehr verdient als ein vergleichbarer Arbeitnehmer 1980. Und für Hochschulabgänger ist es heute wesentlich weniger wahrscheinlich, eine Krankenversicherung mit ihrer ersten Anstellung zu erhalten, als früher üblich. So viel zu den enormen Vorteilen eines Hochschulabschlusses.«[12]

Die deutsche Realität ist von diesen amerikanischen Verhältnissen nicht grundverschieden. In den vergangenen Jahrzehnten der stagnierenden oder sinkenden Reallöhne konnten Topmanager die einzigen realen Einkommenszuwächse verbuchen. Allein zwischen 2005 und 2011 sind in Deutschland die Einkommen von Akademikern sowie von Facharbeitern und Sachbearbeitern inflationsbereinigt um vier Prozent gesunken, obwohl die Wirtschaft im gleichen Zeitraum um mehr als zehn Prozent gewachsen ist. Führungskräfte steigerten abzüglich der Inflation ihre Einkommen in diesen Jahren um vier Prozent[13] und setzen damit eine seit Jahrzehnten bestehende Trendlinie in der deutschen Geschichte fort:

Lag beispielsweise 1985 die Relation zwischen einer durchschnittlichen Angestelltenvergütung und der eines Vorstands deutscher Aktiengesellschaften bei 1:20, so hat sich dieses Verhältnis auf 1:200 im Jahr 2011 verzehnfacht.[14] Nominal betrug das durchschnittliche Vorstandsgehalt in den DAX-Konzernen Anfang der 1990er Jahre 500 000 DM, 2009 lag es bereits bei 6 Millionen Euro.

Für die Topmanager gilt indes bemerkenswerterweise eine andere Logik: Während von der Mehrzahl der Arbeitnehmer erwartet wird, dass sie die Übernahme zusätzlicher Verantwortung und Aufgaben als positive Herausforderung, Anerkennung und Chance zur Persönlichkeitsentwicklung begreifen (also letztlich als immaterielle emotionale Entlohnung), so rechtfertigen Topmanager ihre hohen Gehälter gänzlich anders. Mit dem Aufstieg in die Führungsriege seien enorme Gehaltszuwächse selbstverständlich, da auch ein Zuwachs an Verantwortung damit einhergehe. Die positiven Gefühle, die von einem durchschnittlichen Arbeitnehmer bei der Übertragung von zunehmend komplexen und autonom zu bewältigenden Aufgaben erwartet werden, scheinen bei der oberen Führungsriege gerade kein Grund dafür zu sein, sich jeden Zuwachs an Aufgaben nicht auch mit mehr Gehalt vergüten zu lassen. Spitzenverdiener wie Josef Ackermann haben stets selbstbewusst darauf hingewiesen, dass gerade das ›Mehr‹ an »Verantwortung«, die sie tragen, Gesamtbezüge von jährlich mehreren Millionen rechtfertigten.[15] »Verselbstständigung der Gehaltsfindung, die den Verdacht der Selbstbedienung nahelegt«[16] – so könnte man mit den Worten von Bundestagspräsident Norbert Lammert auch dazu sagen.

2. Dynamisierung

Seit den 1970ern gilt im Personalmanagement das Credo, dass der Mitarbeiter seine Anlagen in der Arbeit nicht einfach nur ›entfalten‹, sondern permanent über sich ›hinauswachsen‹ soll. Ein statisches Persönlichkeitsbild, wie es noch die erste Hälfte des 20. Jahrhunderts kannte, ist in der Wirtschaftswelt schon lange passé. Die Norm sind die ständige Veränderungsbereitschaft und der absolute Wille, sein ›Potenzial‹ lebenslang und maximal zu entwickeln. Wer es nicht versteht, sich als ›Potenzialträger‹ mit uneingeschränkter Lernbereitschaft zu vermarkten, wird kaum eine realistische Einstellungschance erringen. Ob man tatsächlich so viel Freude an täglich neuen Herausforderungen empfindet, ist dabei irrelevant. Die normative Erwartungshaltung der Unternehmen setzt diesen emotionalen Stil eines dynamisierten Selbst letztlich durch. Firmen, die ihre Wachstumsrate jährlich steigern wollen, brauchen Mitarbeiter, die ihre Arbeit nicht einfach kontinuierlich gut machen möchten, sondern Mitstreiter, die sich persönlich nach den neuen Wachstumszielen des Unternehmens strecken. Dass dies für den Einzelnen zu einem ›Muss‹ in einer exponentiellen Wachstumswirtschaft wird, wird so deutlich nicht kommuniziert. Vielmehr wird der unternehmerische Drang zur regelmäßig gesteigerten ›Verwertung‹ des einzelnen Angestellten als emotionaler Gewinn camoufliert:

Großkonzerne wie Microsoft bewerben den Zwang zum ›Schneller, Höher, Weiter‹ auf ihren Karriere-Websites als effektive Möglichkeit, das eigene Selbst zu vergrößern – ein Grund, die Firma zu lieben. Diese dort eingestellten Testimonials des Unternehmens geben sie auf der deutschen Facebook-Seite zum Besten:

- »I love working at Microsoft because I never do the same thing twice.«
- »I love working at Microsoft because it not just gives you the chance about developing your career but also yourself!«
- »I love working at Microsoft because there is no reason not to! Working in a great team with endless opportunities for learning.«

Und nicht zuletzt:

- ■ »I love working at Microsoft because I get the freedom to work from anywhere anytime I want.«[17]

Der letzte Kommentar rekurriert auf Microsofts ›Work-Life-Blend‹-Konzept, das den Anspruch einer ›Work-Life-Balance‹ ablöst. Hier geht es nicht mehr darum, die Zeit im Büro und zu Hause gut auszupendeln, sondern Lebens- und Arbeitszeit »verschmelzen« zu lassen, wie es die deutsche Personalchefin Elke Frank beschreibt.[18] Zu Hause zu arbeiten und in der Arbeit auch Privates erledigen zu können ist der dahinterstehende Leitgedanke. Das Konzept basiert nicht nur auf der Vertrauensarbeitszeit, sondern auch auf dem ›Vertrauensarbeitsort‹: Die E-Mails im Biergarten statt im Büro zu beantworten, ist kein Problem; im Büro wiederum gibt es ein firmeneigenes Fitnessstudio gleich neben einer Spielekonsole. Was schön entspannt und verspielt klingt, ist letztlich nur die Benutzeroberfläche für ein darunter liegendes, eng getaktetes Anforderungssystem, welches einen hohen »Leistungsdruck« erzeugt – so der Betriebsratsvorsitzende. Konkreter: »Der Druck wird einfach durch Leistungsbeurteilungen und Zielvereinbarungen ausgeübt, die oft nur um den Preis des drohenden Burn-outs zu erfüllen sind.«[19]

Woher der Druck kommt, ist bei einem Blick auf die Bilanz des Unternehmens ersichtlich: Microsoft verspricht seinen Investoren jedes Jahr steigende Aktiengewinne, allein von 2008 bis 2014 wurde die Dividende pro Aktie um das Zweieinhalbfache erhöht.[20] Die Anzahl der Mitarbeiter ist im gleichen Zeitraum um nur 40 Prozent gewachsen, 2014 gab das Unternehmen überdies bekannt, 18 000 Mitarbeiter zu entlassen, um die Produktion zu ›verschlanken‹. Im selben Jahr schüttete das Unternehmen über 40 Prozent seines Gewinns an seine Investoren aus.[21]

Die Rechnung ist relativ einfach: Wenn ein Unternehmen wie Microsoft seine Aktionäre jährlich mit Renditen im zweistelligen Prozentbereich bedenken möchte, dann muss es kontinuierlich mit weniger Mitarbeitern mehr leisten. Die Rolle von Produkt- und Produktionsinnovationen soll nicht in Abrede gestellt werden; da jedoch Personalkosten einen wesentlichen Teil der Herstellungskosten ausmachen, ist eine derart hohe Gewinnerzielung nie ohne die Rationalisierung des Personalfaktors zu leisten. Kurzum: Für diese Renditeziele braucht Microsoft Mitarbeiter wie die 38-jährige Nicola Rodegra, Vertriebsleiterin für ›Communication and Media‹: Sie führt auch um 22 Uhr noch Telefonate für die Firma und bearbeitet am Wochenende ihre E-Mails. Während sich Personalchefin Elke Frank das ›Work-Life-Blend‹-Konzept so vorstellt, dass man Arbeitstätigkeiten und Freizeitaktivitäten zeitneutral einfach flexibler durchmischen kann – ein Mitarbeiter geht um 16 Uhr, um sein Kind abzuholen, und telefoniert dafür abends noch eine Stunde mit Amerika –, ist sich die Vertriebsleiterin Rodegra sicher: Sie arbeitet durch die Verschmelzung von Arbeit und Freizeit weit mehr als 40 Stunden. Diese zusätzliche Zeit wird weder bezahlt noch überhaupt erfasst. Die Mitarbeiter subventionieren also durch ihre investierte Freizeit stattliche Investorengewinne. Nicola Rodegra hat jene emotionale Ökonomie perfekt verinnerlicht, auf die Personalmanager und Unternehmen ein Jahrhundert lang hingearbeitet haben, wenn sie ihre Haltung zum ›Work-Life-Blend‹-Konzept mit den folgenden Worten zum Ausdruck bringt:

»Ich muss einfach für mich einen Job haben, wo ich auch weiß, dass ich die Zeit, die ich da investiere, die Menschen, mit denen ich zusammenarbeite – dass mir das viel Freude bereitet und dass ich da auch merke, dass wir etwas Sinnhaftes tun.«[22]

Ein Ausnahmefall ist die Arbeitszeitpolitik von Microsoft nicht: Im vergangenen Jahr ergab eine DGB-Umfrage unter knapp 6000 Arbeitnehmern, dass sich 62 Prozent der betreffenden Unternehmen nicht an die vereinbarte Arbeitszeit halten und regelmäßig Überstunden entstehen lassen. 67 Prozent der befragten Vollzeitbeschäftigten würden tatsächlich gern weniger arbeiten. Dabei deutet die Studie an, dass nicht unbedingt immer die Angst vor dem Jobverlust hinter der Bereitschaft stehen muss, Überstunden zu leisten. Viele der Befragten gaben in diesem Zusammenhang an, sich mit ihrem Unternehmen zu identifizieren.[23] Wie dehnbar diese Identifikation und die Priorisierung des Berufs vor den Freizeitwünschen ist, wird die Zukunft zeigen. Noch sind in Deutschland diesbezüglich amerikanische

Verhältnisse schwer vorstellbar: Dort ist nicht nur die Anzahl der unbezahlten Überstunden wesentlich höher; auch nehmen tatsächlich nur 13 Prozent der Angestellten ihren Jahresurlaub. Laut einer aktuellen Studie »hatten 41 Prozent der erwachsenen Bevölkerung über 19 Jahre im Jahr 2014 nicht einen einzigen Tag frei. Andererseits nahmen sich 16 Prozent für amerikanische Verhältnisse dekadente zwanzig Tage oder mehr an Auszeit. (…) Die meisten lassen ihre Urlaubstage verfallen und arbeiten weiter.«[24]

Dass Arbeitnehmer die ihnen zustehenden Erholungszeiten immer weniger einhalten, entspricht wiederum dem Befund einer weitgehenden *Desomatisierung* im 20. Jahrhundert, also der Tendenz, Arbeitsbelastungen nicht mehr an begrenzten körperlichen Ressourcen zu messen, sondern an scheinbar beliebig dehnbaren Motivationskapazitäten.

3. Desomatisierung

Als ich begann, in Harvard zu studieren, durften wir Neuankömmlinge in einer Einführungsveranstaltung alle großen und kleinen Fragen an die Leitung unserer Fakultät loswerden. Bereits nach wenigen Tagen hatte man eine grobe Ahnung davon bekommen, welch immenses Arbeitspensum ab Woche zwei auf einen einprasseln würde. Ein Mitstudent fragte die Fakultätsleitung deshalb geradeheraus, was geschehen würde, falls er seine Studienaufgaben ob der schieren Menge einfach nicht schaffte. Die Antwort kam wie aus der Pistole geschossen: »You can always cut back on sleep. Run the extra mile.« (dt.: Du kannst immer am Schlaf sparen. Streng dich an.) Passend dazu gab es in einem Laden auf dem Campus die ›All Nighter Mug‹ zu kaufen – eine völlig überdimensionierte Kaffeetasse, gedacht für durchgemachte Nächte. Sie hatte ein enormes Füllvermögen und war mit dem Schriftzug bedruckt: ›Sleep is for the Weak‹ (dt.: Schlaf ist etwas für Schwächlinge).

An diese Ideologeme aus der angelsächsischen Hochleistungskultur hatte ich mich immer dann erinnert, wenn in der Zeitung von einem jungen Investmentbanker zu lesen war, der wegen Schlafmangels sein Leben verloren hatte. 2013 war ein 21-jähriger Deutscher gestorben, der bei der Investmenkbank Merrill Lynch in London ein Praktikum absolviert hatte. Er brach in der Dusche während eines sogenannten ›Magic roundabout‹ zusammen: Ein Taxi bringt nach einer durchgearbeiteten Nacht den Angestellten zum Duschen nach Hause und fährt ihn danach für einen neuen Arbeitstag zur Arbeit zurück. Der deutsche Student hatte bis zu seinem Zusammenbruch 72 Stunden durchgearbeitet, was nicht als Ausnahme galt.[25] Ähnlich erging es im April 2015 einem jungen Mitarbeiter von Goldman Sachs. Nach zwei Nächten ohne Schlaf starb der völlig überarbeitete 21-Jährige. Kurz zuvor hatte er seinem Vater um 2.40 Uhr am Telefon gestanden: »Es ist zu viel. Ich habe seit zwei Tagen nicht geschlafen, muss eine Präsentation fertig machen, mein Vice President ist genervt, und ich arbeite alleine in meinem Büro.«[26]

Diese drastischen Einzelfälle fügen sich in die heroische Arbeitskultur der ›Top-Performer‹ ein. Die Ethnologin Alexandra Michel hat die extremen Beispiele in einer neunjährigen Studie zusammengefasst, die auf vielgestaltige Weise zeigt, wie das Ignorieren offensichtlich vorhandener körperlicher Grenzen in den Führungsetagen internationaler Großkonzerne zum guten Ton gehört.[27] Da hält ein Chef seine Meetings liegend auf dem Besprechungstisch ab, weil er wegen tagelanger, unbehandelter Rückenschmerzen nicht zum Arzt gegangen ist und trotz offensichtlicher körperlicher Leistungsgrenzen sein ›Business‹ ohne Pause weiterbetreiben will. Nur ein absurdes Beispiel von vielen.

Diese Empfindungslosigkeit gegenüber der eigenen Erschöpfung ist aber kein Signum globaler Großkonzerne mit Firmensitz in den USA. Wie bereits dargestellt, wichen Arbeitswissenschaftler und Unternehmen im 20. Jahrhundert auch in Deutschland immer stärker von der Vorstellung begrenzter körperlicher Leistungskapazitäten ab: Zusätzliche Krafteinheiten sollten aus dem ›Willen‹ strömen (1920er Jahre); jene Energie, die durch persönliche Konflikte im Unterbewussten noch gebunden war und die Arbeitskraft hemmte, sollte durch psychologische (Selbst-)Aufklärung freigesetzt werden (1950er Jahre). Und der Begriff der ›Motivation‹, der in den 1970er Jahren aufkam, kam gleich gänzlich ohne Referenz zu körperlichen Energiekonzepten aus. Wer motiviert ist, so das Credo, der kann qua Begeisterung für die Firma und des Identischseins von beruflichen Erfordernissen und persönlichen Zielen ›durchpowern‹ – »he will run the extra mile«. Nur mit diesem Konzept im Kopf ist es möglich, bis in die frühen Morgenstunden zu arbeiten und diesen ›All-Nighter‹- Stolz als Ausweis der eigenen Leistungs- und Motivationsfähigkeit zu präsentieren. Anekdotische Evidenz lässt sich mit dem Berufseinstieg vieler Freunde und Bekannter erhärten: Es gibt sie – jene, die in Architekturbüros, Unternehmensberatungen oder Universitätskliniken über ihre Kräfte hinaus arbeiten. Sie sind zeitlich und auch inhaltlich exakt ein Jahrhundert von dem damals herrschenden Verständnis entfernt, dass dies eine Übernutzung ihrer körperlich gedachten ›Arbeitskraft‹ wäre, die man nur unter Inkaufnahme negativer Folgewirkungen überziehen kann und deren Verschleiß durch den Arbeitgeber unrechtmäßig ist. Kurzum: Die Wortneubildung ›Erschöpfungsstolz‹ hätte in der Weimarer Republik schlicht niemand verstanden. Heute ist er für viele Arbeitnehmer eine Selbstverständlichkeit.

Man könnte nun einwenden, der Körper habe eben in der Arbeitswelt seine Wichtigkeit verloren, weil jene Berufe zurückgegangen seien, die tatsächlich noch Muskelkraft erforderten. Jedoch ist es bei Weitem nicht so, dass sich zum Beispiel das Aufkommen des ›körperlosen‹ Motivationskonzepts vor vierzig Jahren damit begründen ließe, dass zu dieser Zeit vermehrt Bürojobs entstanden seien. Die Idee der Motivation wurde von Arbeitswissenschaftlern

mit Blick auf produzierende Gewerbe wie die Automobil-
industrie entwickelt, um die Einführung flexiblerer und
schnellerer Produktzyklen zu ermöglichen. Das Rationalisierungskuratorium der deutschen Wirtschaft betonte
1976, dass »vor allem den Bedürfnissen nach Selbstverwirklichung und Persönlichkeitsentfaltung bei Arbeitnehmern, die niedrig qualifizierte Aufgaben ausführen«, durch
komplexere Aufgaben und mehr Verantwortung Rechnung
getragen werden müsse.[28] In den Tiefen des industriellen
Zeitalters wurde die Idee etabliert, dass der Körper in all
seiner Begrenztheit bei der Produktionsplanung eine nach-
rangige Komponente sei, dass es vielmehr auf das seelische
›Mitziehen‹ ankomme. Besonders in Zeiten, in denen ein
starker Druck zu höheren Produktivitätsraten herrscht,
wurden die seelischen Kräfte beschworen, beispielsweise
in den 1930er und 1970er Jahren:

Im Zweiten Weltkrieg erfanden die Arbeitswissenschaften erstmals die Idee von psychischen ›Leistungsreserven‹
im Arbeitnehmer. Damit versuchten sie den Widerspruch
aufzulösen zwischen der damals noch herrschenden Vorstellung, dass die körperlichen Kräfte begrenzt waren, und
den faktisch erhöhten Anforderungen der Kriegsproduktion. Die Niedrigwachstumswirtschaft der vergangenen
40 Jahre erfand und etablierte die Idee des reinen ›Motiva-
tionssubjekts‹, das nur noch durch mentale Stärke angetrieben wird und sich permanent über körperliche Grenzen hinwegsetzen kann. In beiden Fällen wird emotionale
Identifikation der Arbeit als Hebel für höhere Leistungen

definiert. Der Nationalsozialismus wollte erklärtermaßen »die Voraussetzungen dafür schaffen, daß der Einzelne nicht nur um des Geldes willen arbeitet, sondern daß er in der Arbeit die Erfüllung einer Lebensaufgabe sieht. Wenn die Arbeit so empfunden wird«, so die NSDAP, schaffe man die erwünschten »Höchstwerte« der Leistung.[29] Das nationalsozialistische Arbeitswissenschaftliche Institut betonte: »Der Arbeitseinsatz von heute ist nicht mehr eine Frage der Zahl und der Menge der zur Verfügung stehenden Arbeitskräfte, sondern eine Frage der Einsatzbereitschaft eines jeden einzelnen.«[30]

Für eine derartige Einsatzbereitschaft sind ›Kämpfertypen‹ gefragt – damals wie heute. Auf der Jahreskonferenz der Berliner Business School ESMT erklärte Nicolas von Rosty, der Corporate Vice President des Executive Developments von Siemens, 2013 auf einem Panel zur Zukunft der Personalentwicklung, er wolle als Mitarbeiter Typen »wie Rocky«, die immer wieder aufstehen, nachdem sie zu Boden geschlagen wurden.

Dass man oft nicht mehr aufstehen kann, wenn der Hochleistungssport nicht auf zwölf Runden begrenzt ist, sondern ein ganzes Arbeitsleben dauert, bezeugen viele Indizien. Auf erhöhte Zahlen von Schlaganfällen und Herzinfarkten unter jungen und mittelalten Menschen verweist beispielsweise die Psychiaterin Ellen Buckermann, die sich auf erschöpftes Firmenpersonal spezialisiert hat. Sie beschreibt ihre Patienten mit den folgenden Worten: »Sie nehmen ihre biologischen Grenzen nicht wahr, kennen sie nicht, suchen die Schuld bei sich, wenn sie nicht mehr funktionieren, und fühlen sich als Versager.«[31] Als wesentliche Ursache für Herzinfarkte gilt neben klassischen Risikofaktoren mittlerweile arbeitsbedingter Stress.[32]

Dass dieser Stress in der öffentlichen Wahrnehmung vor allem als ›geistiger‹, ›emotionaler‹, aber selten als körperlicher Druck verstanden wird, ist überraschend und *nicht* überraschend zugleich. Überraschend deshalb, weil die körperlichen Auswirkungen allzu offensichtlich sind: Gestresste Menschen schlafen schlecht, ihnen vergeht der Appetit, oder sie essen zu viel, sie haben erhöhte Cortisol-Level und vermehrt weiße Blutkörperchen in ihrem Blut und werden bisweilen medizinisch mit Medikamenten behandelt, die auf die biochemischen Prozesse ihres Körpers einwirken sollen. Betrachtet man also die persönlichen Folgen von Stress, ist der Körper sichtbar; geht es aber um die Ursachen in einer alle Energien einfordernden Arbeitswelt, wird der Körper ausgeblendet.

Überraschend ist dies deshalb wiederum nicht, weil das arbeitswissenschaftliche Wissen oft unternehmensnah war und deshalb Theorien anbot, die den Arbeitnehmer in seinen Kräften als ›dehnbar‹ und anpassungsfähig beschrieben. Selbstverständlich gab es immer auch gegenläufige arbeitswissenschaftliche Ansätze: In der Weimarer Republik warnte der Arbeitswissenschaftler Walter Lipmann vor einem unkritischen Gebrauch der angewandten Arbeitspsychologie für Firmenzwecke. Er wies auf die Gefahr hin, dass die Arbeitswissenschaften nicht menschliche Belastungs-grenzen messen und gegen Industrieinteressen vertreten würden, sondern sich als dienstfertig gerierten. In seinen Augen unterstützten sie die Firmen weit eher, belastungsresistente Bewerber zu finden, denn nach Lösungen für belastungsärmere Arbeitsplätze zu suchen. Lipmann erhielt die Unterstützung des Ministers für Volkswohlfahrt, der eine unabhängige, staatlich finanzierte Arbeitswissenschaft, die sich an medizinisch definierten Gesundheitskriterien orientierte, ebenso für notwendig erachtete. Letztlich konnte sich das Ministerium jedoch nicht gegen das Finanzministerium durchsetzen, welches stattdessen industrienähere Arbeitswissenschaftler wie Walter Moede förderte, die ihr Augenmerk weniger auf körperliche Leistungsgrenzen, sondern die ›Willenskräfte‹ setzten. Da Lipmann Jude war, wurde seine *Zeitschrift für angewandte Arbeitswissenschaft* 1933 verboten und sein Forschungsinstitut geschlossen; in der Folge dominierten die industriefreundlichen Ansätze aus Moedes Forschungsumfeld.[33]

Auch heute konkurrieren selbstverständlich verschiedene Ansätze im Umgang mit psychophysischen Belastungen in der Arbeit. So betont das Institut ›Arbeit und Qualifikation‹ der Universität Duisburg-Essen, die Arbeitszufriedenheit in Deutschland sei deshalb gesunken, weil sich die Entlohnung verschlechtert und die Arbeit durch die Flexibilisierung und Delegation von Verantwortung auf allen betrieblichen Ebenen intensiviert habe, was wiederum mit negativen Gesundheitseffekten einhergehe.[34] Diese Sichtweise entspricht genau dem Gegenteil jenes HR-Management-Wissens, das die Bedeutung der Bezahlung negiert und die emotional positiven Effekte erhöhter Verantwortung und neuer ›Herausforderungen‹ hervorhebt.

Jenseits aller Theorie ist aber letztlich entscheidend, welches Modell der Arbeitsgefühle tatsächlich in der betrieblichen Praxis Anwendung findet. Die Arbeitgeber setzen hier klar auf das ihren Interessen entgegenkommende HR-Konzept. Da eine Reduzierung der Belastungsfaktoren in einer Steigerungsökonomie nicht in Frage kommt, soll stattdessen die sogenannte Resilienz der Arbeitnehmer geschult werden. Der Begriff stammt ursprünglich aus der Materialwissenschaft und bezeichnet »Stoffe, die auch nach extremen Verformungen wieder in ihren Ausgangszustand zurückkehren«.[35] Diese Anleihe ist vor allem im Hinblick auf das Stresskonzept der 1970er Jahre interessant, demzufolge eine positive Überforderung – ›Eu-Stress‹ – die Fähigkeiten des Einzelnen vergrößern könne. Stressoren als Effizienzprogramm: Einmal gemeistert, würde die heute noch stressvolle Situation morgen schon leichter zu bewältigen sein. Das Resilienzkonzept wirkt dagegen fast düster: Die unvermeidlichen Überlastungsschocks der Zukunft sollen möglichst wenig Schaden anrichten. Wer rechtzeitig durch Trainings widerstandsfähig gemacht wird, den haut so leicht nichts um. Resilienztrainings sind von Unternehmen derzeit sehr nachgefragt. Ursprünglich wurden sie für Soldaten entwickelt. Der Resilienz-Trainerin und Gründerin der Gesellschaft für Resilienz, Nicole

Willnow, geht es in ihren Schulungen um »Optimismus, Lösungsorientierung und die Bereitschaft, die Opferrolle zu verlassen und Verantwortung zu übernehmen«.[36] Salopp übersetzt: Der Einzelne soll lernen, ein bisschen mehr wie Rocky zu werden. Und damit kann er gar nicht früh genug beginnen: Die Business-Hochschule Otto Bensheim School of Management veranstaltete dieses Jahr auf ihrem Düsseldorfer Campus eine Kinderuniversität für Sechs- bis Zehnjährige. »›Nachwuchsmanager‹ aufgepasst – was könnt ihr von Spitzensportlern lernen?«, lautete der Titel einer der beiden Vorlesungen; da liegt die Vermutung nahe, dass es schon hier um die Aneignung von Leistungskraft für Extremsituationen gegangen sein dürfte, um frühestmöglich ›Potenzial zu maximieren‹.

Der zugehörige Sachbuch-Bestseller *Resilienz. Das Geheimnis der psychischen Widerstandskraft*[37] geht wenig überraschend von einer desomatisierten Vorstellung aus. Dass sich die Menschen »trotz geringer körperlicher Belastungen« unter Druck fühlen, scheint die Autorin Christina Berndt zu wundern. Arbeitsbedingte Erkrankungen deutet sie als psychisch bedingt und nicht im Körper verankert, weshalb auch ihre Empfehlung schlicht lautet, »die Arbeitnehmer mental widerstandsfähiger« zu machen.[38] Die Belastungen per se zu reduzieren, taucht hier als Option nicht auf – was in einer Marktlogik völlig konsequent ist: Solch ein Beratungskonzept ließe sich den Unternehmenskunden schlicht nicht ›verkaufen‹.

2012 legten die Gewerkschaften den Entwurf einer Anti-Stress-Verordnung vor, um den im 20. Jahrhundert etablierten Arbeitsschutz (der mit genauen Vorgaben zu diversen Obergrenzen, beispielsweise bei Lärm- und Strahlungsbelastungen, gearbeitet hatte) zu erweitern. Das erklärte Ziel: »Beschäftigte vor negativen Folgen psychischer Belastung bei der Arbeit zu schützen«.[39] Der Entwurf changiert zwischen der Bekräftigung bereits etablierter Regeln (»regelmäßige tägliche Arbeitszeit von höchstens 8 Stunden«, »Schutzmaßnahmen nach dem Stand der Arbeitsmedizin«) und der Fortführung jener Ideen, die ab den 1950er Jahren unter dem Stichwort ›Humanisierung der Arbeitswelt‹ von den Unternehmen entwickelt worden waren, um die Einführung weitgehender Mitbestimmungsrechte der Arbeitnehmer zu verhindern: Hierzu zählt die Verbesserung des »Betriebsklimas«, der »beruflichen Entwicklungsmöglichkeiten« des Einzelnen und das Entgegenbringen von »Wertschätzung«, kurz: die Pflege der »sozialen Beziehungen«. Dieser ›Humanisierungsdiskurs‹ wird von den Gewerkschaften seit Jahrzehnten mitgetragen; unterschätzt haben sie jedoch die emotionale Wirkung, denn: Wer sich in seiner Firma enorm anerkannt fühlt, den Chef als Freund erlebt und seine Entwicklungsmöglichkeiten gesteigert sieht, bleibt der Firma auch nach dem Feierabend treu – und rennt besagten Extrakilometer.

Im Entwurf dieser Anti-Stress-Verordnung gibt es nur wenig tatsächlich neue Ansätze: Neu eingebrachte Aspekte – wie die »Vermeidung übermäßiger emotionaler Inanspruchnahme« – sind als Beurteilungskriterium zu vage, um im Arbeitsalltag umgesetzt werden zu können. Hier verstricken sich Gewerkschaften in den Folgen des historisch gewachsenen desomatisierten Arbeitnehmerbildes, das Überforderung primär in den Bereich des Emotionalen und damit in den Bereich des Unquantifizierbaren verbannt.

Andere neue Forderungen der Anti-Stress-Verordnung, wie die »Trennung von Arbeitszeit und Freizeit« oder die Ablehnung einer »permanenten Erreichbarkeit«, scheitern ebenso wie »die Einhaltung des 8-Stunden-Tages« an der etablierten emotionalen Ökonomie unserer Zeit. In dieser ist die Nichtbeachtung körperlicher Grenzen Schicksal, denn die exponentiellen Wachstumsziele sind nur aufrechtzuerhalten, wenn der Mensch keine Begrenzung, sondern ein dehnbares Potenzial darstellt. Dabei hängt es allein von seiner Position auf dem Arbeitsmarkt ab, ob ein Arbeitnehmer diese Logik verinnerlicht hat und selbst vorantreibt (als ›High Potential‹) oder ob er durch die Angst, seinen Arbeitsplatz zu verlieren, dazu angetrieben wird (als ›Niedriglöhner‹).[40]

Das folgende Beispiel des Autobauers Daimler mag dies verdeutlichen: In den Jahren 2013 und 2014 wurden zwei unrühmliche Innenansichten des DAX-Konzerns öffentlich: die eines Fließbandarbeiters in einem Werksvertragsverhältnis und jene eines Topmanagers, der nach einem Burn-out ausgestiegen war. Der erste Fall betrifft die Fernsehdokumentation eines SWR-Journalisten, der sich zu Recherchezwecken als Bandarbeiter bei Daimler in Untertürkheim beworben hatte.[41] An der Produktionsstätte der Luxuskarosse S-Klasse wurde er von einer Zeitarbeitsfirma angestellt, die ihn wiederum an die Spedition Preymesser verlieh: Letztere hatte mit Daimler einen Werkvertrag über Transportaufgaben geschlossen. Das Arbeitsrecht schließt zwar aus, dass die über einen Werkvertrag Angestellten die gleichen Aufgaben wie die Stammbelegschaft ausführen oder von Mitarbeitern der Daimler-Belegschaft Arbeitsanweisungen entgegennehmen. Es ist also eine klare Abgrenzung vorgeschrieben. Die Dokumentation zeigt jedoch, dass der Undercover-Journalist dieselben Aufgaben wahrnimmt wie fest angestellte Daimler-Arbeiter, die das dreifache Grundgehalt samt zusätzlichen Schichtzuschlägen sowie eine Gewinnbeteiligung erhalten. Da die Stammbelegschaft immer mehr durch ausgeliehene Arbeiter ersetzt wird, handelt es sich um ein gewaltiges Sparprogramm, welches vom deutschen Steuerzahler subventioniert wird: Als der Journalist wegen seines geringen Verdienstes von 1200 Euro brutto (991 Euro netto) einen Hartz-IV-Aufstockungsantrag stellt, erfährt er, dass ihm bei vier Kindern 1500 Euro staatlicher Hilfe zustehen. Selbst ohne seine Familie hätte er einen Anspruch auf staatliche Unterstützungsleistungen. Dematerialisierung (Arbeit für weniger Geld), Desomatisierung (Arbeit ohne Rücksichtnahme auf körperliche Grenzen) und Individualisierung (Arbeit ohne solidarische Interessenvertretung) gehen bei diesem Beispiel Hand in Hand: Als der Journalist bereits nach einer Woche vom Heben der schweren Zylinderblöcke am Band Rückenschmerzen bekommt, ist für ihn nicht der Daimler-Betriebsarzt zuständig, der der Stammbelegschaft beispielsweise Rückenschulungen verschreiben kann. Er darf sich als ›Fremdarbeiter‹ auch nicht an den Daimler-Betriebsrat wenden. Auch die Leiharbeitsfirma reagiert nicht auf die Klage über seine gesundheitlichen Beeinträchtigungen. Sie habe keine Leistungsvereinbarung mit dem Daimler-Betriebsarzt und vermittle schließlich keine »Schonarbeitsplätze«. In diesem Niedriglohnbereich sind die ›richtigen‹ Arbeitsgefühle ganz offensichtlich irrelevant. Nur zu leicht kann ein Arbeiter durch einen anderen ersetzt werden – bei einem Niedriglohnsektor, der in Deutschland aktuell 22 Prozent des Arbeitsmarktes ausmacht.

Investitionen in die ›richtige Gefühlsentwicklung‹ lohnen sich dagegen bei hoch qualifizierten Arbeitnehmern, die auf dem Arbeitsmarkt nicht so leicht austauschbar sind. Dies zeigt das zweite Daimler-Beispiel des Ex-Topmanagers Jan Bredack, mittlerweile Besitzer der ersten veganen Supermarkt-Kette. In seiner Autobiografie beschreibt er, wie verwoben er als Manager mit dem Konzern war, für den er einen Milliardenumsatz verantwortete: »Ich war am Ziel meiner Wünsche – und ziemlich am Ende. (…) Am wahren Leben nahm ich schon lang nicht mehr teil. Ein Leben außerhalb der Mercedes-Welt existierte für mich nicht. Mit Menschen, die keinen Mercedes-Stern trugen, konnte ich mich gar nicht unterhalten, ihre Ansichten interessierten mich nicht. (...) Ich war alleine und nur mit mir und den imaginären großen Problemen rund um den Stern, den ich rund um die Uhr im Kopf und im Herzen trug, beschäftigt.«[42] Trotz eines bereits vorhandenen Burnouts reagierte er mit ekstatischer Begeisterung für das unternehmensinterne Angebot, für Daimler ein Joint Venture mit einem russischen Marktführer aufzubauen und dessen Geschäftsführung in Moskau zu übernehmen: »Der Job war eine einzigartige Herausforderung. Ich würde lügen, wenn ich behauptete, dass ich der Versuchung nicht erlag. (...) Qua meiner Position und Macht gab man mir zu verstehen, dass ich wichtig war, ein ganz Großer, ein König!«[43] Tage mit 14, 15, 20 Stunden Arbeitszeit reihten sich aneinander, in denen es normal wurde, Hochzeiten, Geburten und Beerdigungen enger Angehöriger zu verpassen. Bredack resümiert über diese Zeit: »Das Tückische ist: Wer Teil eines Konzerns wie Daimler, der Deutschen Bahn oder einer international agierenden Bank ist, beginnt bald, sich für unentbehrlich zu halten. Dahinter kann sogar eine Geburt verblassen ...«[44] Bredack hatte auf perfekte Weise das Ziel des heutigen HR-Managements verkörpert: das Ineinanderfallen von Firmenzielen und persönlichen Zielen durch »die Chance auf Selbstbestätigung, Leistungserfolg, Anerkennung, Verantwortung«, wie es ein aktuelles Handbuch der Personalwirtschaft als Ideal darstellt.[45] Der körperliche Zusammenbruch blieb nicht aus, danach wurde Bredack intern schnell fallen gelassen. Bereut hat er den Abschied nicht: »Heute treffe ich manchmal Kollegen von früher, bedeutende Konzernlenker, von allen beneidete, wichtige Männer. Schulterklappenträger. Ich sehe die Unzufriedenheit in ihren Gesichtern, den Druck, unter dem sie stehen. Ich sehe die Gewalt in ihren Familien, den Alkohol, die immer größer werdende Brutalität ihrer Entscheidungen.«[46]

Die Frage, warum es ein Konzern wie Daimler anscheinend für nötig hält, den einen Teil seiner Belegschaft unter Sozialhilfeniveau und ohne arbeitsmedizinische Basalversorgung arbeiten zu lassen und den anderen Teil unter ebenso menschenunwürdigen Bedingungen in High-Performer-Zwanzigstundentage zu schicken unter Inkaufnahme des körperlichen und emotionalen Bankrotts, ist leicht beantwortet: Es war das ausgesprochene Ziel, dass die Aktionäre 2015 die höchste Dividende der Unternehmensgeschichte erhalten sollten. Der Vorstandsvorsitzende Dieter Zetsche kündigte hierfür 2014 Kosteneinsparungen in Höhe von vier Milliarden Euro an. Daimler verdiente 2014 operativ sechs Milliarden Euro, das war ein Plus von 43 Prozent.[47] Den Aktionären ist eine jährlich wachsende Rendite versprochen und eine konstante Ausschüttungsquote von 40 Prozent.[48] Fast die Hälfte des erwirtschafteten Gewinns geht also an internationale Investoren. Daimler ist entgegen dem landläufigen Glauben kein deutsches Unternehmen mehr, wenn man seine Besitzer betrachtet: Deutsche Aktionäre halten nur ein Drittel des Grundkapitals, der Rest ist im weltweiten Streubesitz. 29,94 Prozent an Daimler, also eine Sperrminorität mit weitreichenden Einflussmöglichkeiten, besitzt der amerikanische Hedgefonds BlackRock. Seine Stimmanteile an Daimler sichert BlackRock über mehrere Landesgesellschaften, beträchtliche Teile davon befinden sich in Steueroasen wie Delaware und Jersey.[49] Mitgründer und Vorstandsvorsitzender von BlackRock ist der Milliardär Lawrence Fink; er konnte den Aktienkurs seines Unternehmens 2013 um 53 Prozent steigern.[50]

Die zugrunde liegende Konstellation kann in wenigen Sätzen zusammengefasst werden: Weil jemand mit offensichtlich löchrigen Hosentaschen wie Lawrence Fink »als neuer Großeigner der Deutschland-AG«[51] Macht hat, müssen Arbeitnehmer jedes Jahr mehr leisten als im Vorjahr – zu immer fragwürdigeren Arbeitsbedingungen. Dass dies ein Mann wie Fink versucht, ist klar. Dass er es kann, ist eine neuere Entwicklung.

Zu jenen Zeiten in der deutschen Geschichte, als Unternehmen noch lokal eingebettete Familienunternehmen waren, wären ihre Besitzer nicht so leicht mit dermaßen asozialen Methoden ungeschoren davongekommen: Man musste sich immer noch in der Kirche oder auf dem Dorfplatz blicken lassen können. Einer, der Steuerzahlungen vermeidet, die mickrigen Löhne seines Unternehmens aber von Steuerzahlern subventionieren lässt; einer, der seinen Arbeitern medizinische Hilfe verweigert, oder auch einer, der einem Familienvater Löhne unter dem Existenzminimum bezahlt, hätte sich vor einigen Jahrzehnten in einer Stadt oder Dorfgemeinschaft zumindest scharf beobachtet, wenn nicht latent bedroht fühlen müssen. Nicht umsonst hat die Familie Krupp beispielsweise ihren Arbeitern die ›Kruppschen Wohltaten‹ angedeihen lassen – von einem werkseigenen Krankenhaus und Pensionskassen über subventionierte Werkswohnungen bis hin zu vergünstigten Einkaufsmöglichkeiten für Nahrung und Kleider. Denn so weit lag die Villa Hügel, der Kruppsche Unternehmerwohnsitz, dann doch nicht von den Arbeitersiedlungen entfernt. Lawrence Finks Haus in New York ist hingegen weit weg von Untertürkheim. Im globalen Finanzmarktkapitalismus sind aufgrund dieses Mangels an sozialer Einbettung und Kontrolle alle erdenklichen moralischen Verwerfungen möglich. Sie müssten rigide begrenzt werden – durch eine handlungsmächtige nationale Politik, die den neuen Wirtschaftsbossen vom internationalen Finanzparkett einen Riegel vorschiebt. Denn gelingt es ihnen weiterhin, immer mehr aus der deutschen Arbeitnehmerschaft herauszuholen, sind wir künftig auf Erschöpfung abonniert – egal ob Bandmitarbeiter oder Manager.

Ein ungezügelter Kapitalismus wird immer zur Ignoranz von körperlichen Leistungsgrenzen und Erschöpfungsgefühlen neigen. Welche Zukunft ist vor diesem Hintergrund vorstellbar? Eine, in der Arbeitnehmer qua digitalem Armband ihre Vitalfunktionen von der Schlafqualität über die tägliche Schrittmenge bis zum Kalorienumsatz messen, um dadurch ihre berufliche Leistungsfähigkeit und Widerstandskraft noch zu steigern, notfalls auch mit Hilfe von ›Doping‹?[52] Oder eine Zukunft, in der Unternehmen dieselben Technologien nutzen, um Daten über körperliche Erschöpfungsmarker ihrer Belegschaft zu erheben – um dann im Bedarfsfall die betrieblichen Anforderungen zu reduzieren, wenn der Stress für die Mehrheit zu groß wird?

4. Individualisierung

Personalmanager bekunden nicht selten ihre Schwierigkeiten mit der sogenannten Generation Y, den ab 1980 geborenen Arbeitnehmern. Diese Generation sei einfach nicht mehr durch klassische Statussymbole, wie ein höheres Gehalt oder die nächste Karrierestufe, zu motivieren, sie suche im Job vielmehr die als sinnhaft empfundenen Ziele. »Glück schlägt Geld«[53] lautet der Slogan, der Firmenverantwortliche allzu oft vor Rätsel stellt. Dabei ist dieser Wandel viel weniger verwunderlich, als er in den Medien präsentiert wird. Eher ist das Staunen darüber geschichtsvergessen. Denn exakt diese Werte hat das Human-Resources-Management seit den 1970er Jahren vermittelt: Das Gehalt sei ein vernachlässigbarer ›Hygiene-Faktor‹ für die Motivation, die entscheidenden positiven Emotionen seien im Erwerbsleben durch die hohe Identifikation mit der Aufgabe und den Unternehmenszielen zu erfahren. Bereits in Sekundarschulbüchern wurden seit den 1970er Jahren die Motivationstheorien aufgenommen. Ein Schulbuchklassiker aus dem Jahr 1974 betonte als pädagogisches Ziel des Unterrichts über die moderne Wirtschafts- und Arbeitswelt, »dem Jugendlichen Informationen über die Motivationsgefüge mitzugeben, die es einem Menschen ermöglichen, eine bestimmte Tätigkeit auch aus anderen Gründen als Existenzangst auszuüben. Dauernde Unterforderung erzeugt die Haltung der Langeweile und der unvollständigen Zuwendung zur Aufgabe. Die Freude an der eigenen Arbeit ist Ausdruck individueller Zufriedenheit und produktiver Arbeit zugleich. Ob die Betriebspsychologie arbeitgeber- oder arbeitnehmerorientiert ist, erweist sich damit als ein Streit um des Kaisers Bart.«[54] Nachdem die Berufsbildung mehrere Jahrzehnte lang versucht hat, künftige Arbeitnehmer mit diesem Selbstverständnis auszustatten, darf heute durchaus erwartet werden, dass sie nun an die Erwerbsarbeit individuelle Glücks- und Sinnansprüche stellen und oft weniger auf die Bezahlung als auf ihre Selbstverwirklichungsmöglichkeiten achten.

Den aktuellen unterschwelligen Ressourcenkonflikten auf dem Arbeitsmarkt – es gibt weniger gut bezahlte und abgesicherte Jobs – begegnen jüngere Arbeitnehmer daher mit einer hoch individualisierten Leistungsethik. Sie sind bereit, vollen Einsatz zu zeigen, lassen nicht nach acht Stunden den Stift fallen und geben sich mit befristeten Verträgen und einer prekären Altersabsicherung zufrieden. Folgt man aktuellen Studien, dann scheinen sie Herzbergs Persönlichkeitsmodell nahezu perfekt verinnerlicht zu haben. Eine Tübinger Forschungsgruppe, die Beschäftigte im Dienstleistungsbereich zwischen 25 und 35 zu ihrer Arbeitssituation befragt hat, fand heraus: Selbstverwirklichung ist ein wesentlicher Anspruch geworden, es gibt eine hohe Identifizierung mit der Arbeit, und die Qualität der Arbeit wird zu einem wichtigen Handlungsmotiv. »Durch die neuen Arbeitsverhältnisse wird die Ich-Orientierung gefördert. Das drückt sich darin aus, dass viele junge Beschäftigte in ihrer Lebensführung stärker auf ihre eigenen Kräfte vertrauen und auf individuelle Eigenverantwortung setzen. Solidarität ist für die jungen Beschäftigten einerseits ein zu großes, andererseits ein unklares, diffuses Wort.« Teilweise, so kommen die Tübinger Forscher zum Schluss, ist eine »Verinnerlichung neoliberaler Argumentationsmuster« dahingehend festzustellen, dass eher »eine Solidarisierung mit der Arbeitgeberseite« erfolgt und das diffuse Gefühl des »Es ist kein Geld da« zu einer Entsolidarisierung mit Schwächeren führt.[55]

Auch die letzte Shell-Jugendstudie attestiert der neuen Arbeitnehmergeneration, dass sie von der Überzeugung geleitet ist, durch »tatkräftiges Anpacken« und mit »viel Ehrgeiz und Zähigkeit die Dinge in den Begriff bekommen« zu können. Sie sucht nach »individuellen Aufstiegsmöglichkeiten« und ist dafür bereit, enormen »Fleiß« an den Tag zu legen.[56] Eher sorgt sie sich um eine mangelnde Qualifikation im Lebenslauf als um die politischen Rahmenbedingungen ihrer Lebens- und Arbeitsperspektiven. Die alle drei Jahre stattfindende ›Studierenden-Survey‹ befand unlängst, dass der Anteil der politisch Interessierten seit der Jahrtausendwende um 13 Prozent, auf ein Rekordtief, gefallen sei. Die FAZ resümiert, es gebe »einen Trend zu Apathie und Passivität. Einer Mehrheit der Befragten geht es vor allem um die eigene Zukunft und die Karriere.«[57] Wollte man einwenden, in anderen Generationen sei den Menschen doch auch das Hemd näher als die Hose gewesen, das Individuelle hätte doch auch vor dem Gemeinwohl gestanden, so gibt es einen wesentlichen Unterschied: Die heutige Generation Y erliegt der Illusion, die Strategie, ausschließlich um den eigenen Wettbewerbsvorteil zu kämpfen, sei aussichtsreich für das eigene Wohlergehen.

Ihre Arbeitsbedingungen nehmen diese ruhelosen »Selbstoptimierer« deshalb vorwiegend als selbst zu gestaltendes Feld wahr. Die kritische Balance aus hohen Arbeitsanforderungen, Zeit- oder Geldknappheit, die zum Teil unplanbaren Orts- und Vertragsperspektiven versuchen sie, jeder für sich selbst, irgendwie zu schaukeln. Kollektive Mechanismen, auf die Arbeitnehmer in der Vergangenheit zur Lösung von Ressourcenkonflikten zurückgegriffen haben – politische Kampagnen, Gewerkschaftsmitgliedschaften, Betriebsratsaktivitäten –, sind ihnen kaum mehr vertraut oder erscheinen ihnen suspekt. Alternative Handlungsoptionen, die sie handlungsmächtig werden ließen, haben sie nicht entwickelt und sind somit auf sich selbst zurückgeworfen. Auch die ›CV-Wettrüster‹ müssen nun einsehen, dass sich Macht auf dem Arbeitsmarkt nicht allein durch den Erwerb nachgefragter Fähigkeiten aufbauen lässt. Hohe Qualifikationen können, sie müssen aber keine Versicherung gegen volatile Beschäftigungsverhältnisse darstellen. Oder, wie der Arbeitshistoriker Thomas Welskopp prononciert zusammenfasst: »Fachkönnen, eingebettet in enge kooperative Netzwerke, kann zur Grundlage von solidarischem Arbeitsgruppenverhalten werden und dadurch entweder direktes kollektives Handeln am Arbeitsplatz befördern oder die Stärkung von Organisationsmacht in weitere Interessenbewegungen hinein, die dann wiederum von der politisch verfassten Sphäre der Gesellschaft auf die konkreten Arbeitsbedingungen zurückwirken. Demgegenüber können sogar hohe Qualifikationsniveaus dabei scheitern, die Grundlage für Macht oder solidarisches Verhalten zu bilden.«[58]

Es ist durchaus möglich, dass es den Vertretern der bislang am besten ausgebildeten Generation in der deutschen Geschichte misslingt, ihre Fähigkeiten in eine mächtige Position auf dem Arbeitsmarkt zu übersetzen. Dies wird umso wahrscheinlicher, je mehr sie dem emotionalen Arbeitsstil der Human-Resources-Schule folgen: wenn sie positive Arbeitsgefühle gegenüber materiellen Arbeitsbedingungen priorisieren, wenn sie sich als ihres eigenen Glückes Schmied begreifen und nicht als engagierte Mitglieder einer Gemeinschaft, die ihre Interessen gemeinsam durchsetzen.

Es bleibt zu befürchten, dass sich auch die jungen Erwerbstätigen mit jenen vier negativen Entwicklungen schweigend abfinden, die mit der Emotionalisierung der Arbeitsverhältnisse im 20. Jahrhundert einhergingen und die im Begriff sind, sich noch zu verstärken. Der Einzelne hat ihnen keine wirksame Handlungsmacht entgegenzusetzen.

Wer mit offenen Ohren Kongresse von Personalmanagern besucht, wird mit Zukunftsszenarien konfrontiert, die nicht weniger als eine Rücknahme der im 20. Jahrhundert erkämpften Arbeitnehmerrechte bedeuten[59]: Zahlreiche Firmen möchten künftig die Digitalisierung nutzen, um im Internet ihre Arbeitspakete zu ›versteigern‹. Einzelne Projektkomponenten sollen durch einen Bieterwettbewerb weltweit an den Arbeitnehmer mit dem günstigsten Preis-Leistungs-Verhältnis vergeben werden. Diese Projekt-Arbeitsbörsen im Internet wären aus Firmensicht selbstverständlich weit günstiger und flexibler als ein hoher Satz festangestellter Mitarbeiter. Die Folgen für die Beschäftigten sind absehbar: Wer global für verschiedene Arbeitgeber für jeweils nur wenige Projektwochen oder -monate arbeitet, ist, wenn überhaupt, prekär abgesichert. National ausgehandelte Tarifverträge, Renten- und Krankenkassenbeiträge werden in dieser Welt wie Relikte aus vergangenen Zeiten erscheinen; de facto bedeutete dies eine weitere Dematerialisierung der Arbeitsverhältnisse. Und auch eine weitere Desomatisierung, weil über die Einhaltung von deutschen Arbeitsschutzregeln über Höchstarbeitszeiten oder den Mutterschutz in dieser Internet-Arbeitswelt niemand mehr wachen würde. Ein digitaler ›Clickworker‹ müsste auch im Krankheitsfall die Projektabgabe-Deadline einhalten, es ist schließlich unwahrscheinlich, dass ein beauftragendes amerikanisches Unternehmen eine deutsche Krankschreibung akzeptieren würde. Und schließlich müsste in dieser ungeheuer dynamisierten Arbeitswelt der Einzelne, ungeachtet seiner eigenen Kapazitäten, gleich mehrere Projekte gleichzeitig annehmen, um keine potenziellen Auftraggeber zu verlieren. In kürzerer Zeit mehr zu arbeiten, wäre zwingend notwendig. Nicht zuletzt entbehrt diese durchaus mögliche globale Digital-Arbeiter-Welt der Grundlagen für kollektives Handeln. Welcher Projektnehmer in Deutschland würde sich mit Kollegen in Mexiko oder Indien fraternisieren, um gemeinsam bessere Bedingungen zu erreichen? Eine Individualisierung in zuvor unbekanntem Ausmaß wäre die Folge.

Eine weitere Emotionalisierung der Arbeitsverhältnisse bliebe indes in einer solchen Arbeitswelt chancenlos. In den vergangenen hundert Jahren hatten Unternehmen ihre Angestellten nur unter zwei Umständen emotional angesprochen: wenn sie einen unverzichtbar großen und streikbereiten Bestandteil der Belegschaften ausmachten – wie die Fabrikarbeiter ab ungefähr 1920 bis zum Aufkommen der Dienstleistungswirtschaft in den 1970er Jahren; oder wenn sie eine kleine, auf dem Arbeitsmarkt hoch nachgefragte Gruppe darstellten – dies gilt für Facharbeiter und hoch qualifizierte Angestellte bis heute. Aufwendige Emotionalisierungsstrategien würden sich im Zeitalter der Clickworker weitestgehend erübrigen. Die digitalen Tagelöhner wären durch den weltweiten Wettbewerb um Arbeitspakete getrieben genug. Von den Personalchefs wird dieses Zukunftsszenario stets als großer Zugewinn an Arbeitsmöglichkeiten beworben. Das standardmäßig rezitierte, fiktive Beispiel ist das einer Mutter, die über nachgefragte IT-Fähigkeiten verfügt, sich aber zu Hause um ihre Kinder kümmern muss. Diese Frau hätte durch kleinteilige digitale Arbeitspakete eine flexible Erwerbsmöglichkeit, die sie in einer Welt der Vollzeiterwerbstätigkeit und der Anwesenheitskultur in Unternehmen nicht hat. Dieser vermeintliche Freiheitsgewinn täuscht jedoch nur dürftig über die gravierende Verschlechterung hinweg, die eine solche schöne neue Welt für die Mehrheit der Arbeitnehmer bedeuten würde.

Vor diesem Hintergrund heben sich zwei Zukunftsszenarien ab:

Im ersten Szenario nimmt die Erwerbsbevölkerung die eben skizzierten Entwicklungslinien passiv in Kauf. In diesem Fall gilt die hellsichtige Beschreibung des französischen Sozialphilosophen André Gorz: »Die Gesellschaft, in der jeder sich einen Platz, eine vorhersehbare Zukunft, Sicherheit und Nützlichkeit erhoffen konnte, diese Gesellschaft – die Arbeitsgesellschaft – ist tot. (…) Obsessive Beschwörungen bewirken, daß längst nicht mehr gültige Normen ihre Geltung bewahren und in der Bevölkerung Erwartungen erzeugen, die sich als unerfüllbar erweisen. Die psychische und materielle Abhängigkeit von der schon längst außer Kraft gesetzten Norm des vollzeitigen, sicheren Arbeitsplatzes wird auf diese Weise verstärkt. Die

Unmöglichkeit, diesen Erwartungen gerecht zu werden, wird vom herrschenden Diskurs individuellen Mängeln zugeschrieben, die durch eine strengere Ausbildung und Erziehung zu beheben und durch geringere Ansprüche der Erwerbsperson auszugleichen seien.«[60]

Im zweiten Szenario erfährt die gegenwärtige Wirtschaftsordnung dagegen an ihren wesentlichen Stellschrauben eine Änderung. Warum das die bessere Variante ist, wird im folgenden Kapitel deutlich.

Glück ohne Potenzialmaximierung

Wirtschaftshistoriker wie Werner Plumpe haben die abnehmenden Streikzahlen in den 1950er und 1960er Jahren durch Wohlstandsgewinne erklärt: Der durchschnittliche Arbeitnehmer konnte in den Wirtschaftswunderjahren seinen Lebensstandard beträchtlich steigern, und wer sich als Mit-Profiteur einer wachsenden Wirtschaft empfindet, so die Annahme, sieht auch weniger Anlass, Unmut auf die Straße zu tragen.[61] Im Umkehrschluss dieser Gleichung müssten wir heute eine streikwütige Bevölkerung erleben: Denn die Wachstums- und Produktivitätsgewinne der letzten vierzig Jahre sind an der Erwerbsbevölkerung vorbeigegangen. Stagnierende oder sinkende Reallöhne sind das deutlichste Zeichen dieser Entwicklung; der Rückgang von zusätzlichen Gehaltsanteilen, wie Belegschaftsaktien oder der arbeitgeberfinanzierten Altersabsicherung, kommt hinzu.

Das Geld, das die Deutschen in den vergangenen vier Jahrzehnten erwirtschaftet haben, ist selbstverständlich nicht weg – es ist nur woanders. Es fließt in eine höhere Vergütung des Faktors Kapital statt des Faktors Arbeit – zudem sank die Kapitalbesteuerung, die Lohn- und Verbrauchssteuern jedoch sanken nicht. Ablesbar ist diese Entwicklung an beliebig vielen Wirtschaftsindikatoren. Die wichtigsten seien im Folgenden genannt:

Allein zwischen 1997 und 2015 stieg der Anteil ausländischer Investoren an DAX-Unternehmen von zehn Prozent auf 56 Prozent.[62] Diese Investoren erwarten eine Verzinsung ihres eingesetzten Kapitals, die in der Regel über dem durchschnittlichen BIP-Wachstum von ein bis zwei Prozent liegt. Deutsche Arbeitnehmer müssen mehr für weniger Geld arbeiten, damit ihre Unternehmen diesen Renditewünschen nachkommen können. Da man Unternehmensinhabern in den vergangenen Jahren bei der Besteuerung ihrer Gewinne staatlicherseits großzügig entgegengekommen ist, müssen deutsche Lohnempfänger die entgangenen Steuereinnahmen ihrerseits ausgleichen: 2001 wurde der Körperschaftssteuersatz von 30 Prozent auf 25 Prozent gesenkt; zusammen mit 13 Prozent Gewerbesteuer reduzierte sich der nominelle Tarif der Unternehmensbesteuerung dadurch von 51,6 Prozent auf 38,6 Prozent. 2008 wurde der Körperschaftssteuertarif erneut gesenkt, diesmal von 25 Prozent auf 15 Prozent, wodurch die nominelle

Besteuerung für Unternehmen insgesamt von 38,6 Prozent auf 29,8 Prozent herabfiel.[63] Die Steuerbelastung ist für Unternehmen in Deutschland in den vergangenen 14 Jahren demnach über 20 Prozentpunkte gesunken. Der wesentlich niedrigere Steuersatz wird dennoch von zahlreichen multinationalen Konzernen geschickt umgangen, die geschätzte Größenordnung der dadurch entgangenen Staatseinnahmen beläuft sich auf jährlich 20 Milliarden Euro.[64] Topmanager sprechen sich übrigens mehrheitlich gegen die Bekämpfung dieser Steueroasen aus, was zeigt, wie weit die privatwirtschaftliche und die gesamtwirtschaftliche ökonomische Rationalität mittlerweile auseinandergedriftet sind.[65]

Nachdem Unternehmen legal von höheren Steuersätzen verschont bleiben und illegal nochmals ihr Steueraufkommen reduzieren, wundert die folgende Entwicklung nicht: »Die von der Masse getragenen Lohn-, Umsatz- und Verbrauchssteuern ergeben 80 Prozent des gesamten Steueraufkommens, die Unternehmens- und Gewinnsteuern machen nur 12 Prozent aus.«[66] Demgegenüber waren Anfang der 1980er Jahre Unternehmensgewinne, Vermögen und Einkommen mit rund 28 Prozent noch gleichmäßig besteuert worden. Heute liegen die Lohnsteuer, die Mehrwert- und Mineralölsteuer bei 38 Prozent, die reine Gewinnsteuer bei 15 Prozent, und die Vermögenssteuer wurde ab 1995 gar nicht mehr erhoben. Wie der Sozialhistoriker Hans-Ulrich Wehler treffend feststellt, ist Deutschland »daher eines der wenigen westlichen Länder (…), das sich den Luxus eines völligen Verzichts auf die Vermögenssteuer erlaubt«.[67] Seither findet ein spektakulärer Konzentrationsprozess von Reichtum an der Spitze der deutschen Gesellschaft statt: Die reichsten zehn Prozent verfügen über 66 Prozent des Nettogeldvermögens; 1970 waren das 44 Prozent.[68] Davon lagert wiederum ein beträchtlicher Teil in Offshore-Steueroasen, um von der Erbschaftssteuer verschont zu bleiben. Hierbei entgehen Deutschland nochmals jährliche Steuereinnahmen von 10 Milliarden Euro.[69] Die Liste dieser sozialen Verwerfungen ließe sich beliebig mit weiteren Zahlenreihen fortführen, die eine quasi obszöne Entwicklung zur Einkommens- und Vermögensungleichheit dokumentieren. Unter den 34 OECD-Mitgliedsstaaten sind lediglich in den USA die Nettohaushaltsvermögen noch ungleicher verteilt als in Deutschland.[70]

Die wachsenden Vermögen an der Spitze können wiederum nicht vollständig konsumiert werden und werden in der Folge rund um den Globus auf die Suche nach weiteren Anlage- und Renditemöglichkeiten geschickt. Global gilt, was sich auch in Deutschland abspielt: Da das weltweite Wirtschaftswachstum niedriger ist als die Renditeerwartungen der Investoren – in den vergangenen Jahren lag das globale reale BIP-Wachstum zwischen drei und vier Prozent –, werden schlechtere Arbeitsverhältnisse wahrscheinlich. Arbeitnehmer bezahlen mit volatileren Arbeitsbedingungen eine über dem Wirtschaftswachstum liegende Kapitalvergütung. Unlängst hatte die International Labor Organization diesbezüglich vor weltweiter wachsender Armut gewarnt: »Die Arbeitsverhältnisse werden prekärer, Verträge über Vollzeitbeschäftigung nehmen ab, Teilzeitjobs und Kurz-Arbeitszeitverhältnisse dagegen zu.«[71] Die Zahlen aus Deutschland sprechen für sich: »Während 1970 die Relation zwischen vollzeitbeschäftigten Arbeitnehmern einerseits und der Summe der Teil- und Kurzzeitbeschäftigten, der befristet und geringfügig Beschäftigten – also der sogenannten atypischen Beschäftigungsverhältnisse – in der Bundesrepublik Deutschland etwa 5:1 betrug, verschob sie sich 1990 auf 4:1 und bis heute auf 2:1. Jeder Dritte arbeitet schon in Teilzeit, befristet, als Leiharbeiter oder in einem Minijob.«[72]

Dieser globale Trend ruft in verschiedenen Ländern kulturell höchst unterschiedliche Reaktionsmuster auf: Während in Indien bei einer Verschlechterung der Arbeitsbedingungen nicht selten ganze Belegschaften wutentbrannt auf den Manager einprügeln, begegnen in Deutschland Mittelschichtseltern einer Verschlechterung der Beschäftigungsperspektiven und ihren sozialen Abstiegsängsten dadurch, dass sie ihre Kinder jahrelang zeit- und geldintensive Nachhilfestunden durchlaufen lassen. Der Glaube, durch unermüdliche Bildungsanstrengungen den eigenen Nachwuchs so weit befähigen zu können, dass er zu jenen ›Lucky Few‹ gehört, die unter den schlechten wirtschaftlichen Rahmenbedingungen doch noch ein überdurchschnittliches Auskommen erwarten dürfen, ist ungebrochen. Und die vielen Mittelschichtseltern, die ihre letzten Ersparnisse zusammennehmen, um ihr Kind auf eine englische Privatschule zu schicken[73], sind trotz dieses hohen Maßes an ökonomischem Kalkül erstaunlich realitätsfern, denn: Die Nettolohnquote, das heißt der Anteil der Löhne am Einkommen der Privathaushalte nach Steuern, sinkt kontinuierlich. Lag sie 1960 bei stolzen 56 Prozent, so steht sie mittlerweile auf einem historisch niedrigen Niveau bei gut 40 Prozent.[74] Das bedeutet, dass immer weniger Privateinkommen in Deutschland durch Lohnarbeit, immer mehr durch Kapitaleinkünfte verdient wird. Selbst bei den lukrativeren Jobs der Angestelltenwelt gilt in zunehmendem Maße das Gesetz der sozialen Schließung: Der entsprechende Klassenhabitus fällt auch hier zunehmend schwerer ins Gewicht als Bildungszertifikate.

Angesichts dieser Umstände wäre es rationaler, wenn Eltern en gros für die künftige wirtschaftliche Prosperität ihrer Kinder den Parlamentsabgeordneten ab und zu einen Brief schreiben würden, statt den Lehrern vor dem Übertrittszeugnis auf ein Gymnasium mit Anwaltsbriefen zu drohen. Denn ihre Kinder bekommen ungebremst die Folgen jener politischen Weichenstellungen zu spüren, die der Wirtschafts- und Sozialhistoriker Jürgen Kocka in seiner *Geschichte des Kapitalismus* zusammengefasst hat: »Beginnend in den frühen 1980er Jahren wurden in den Gesellschaften des Westens zentrale Elemente des Gesellschaftsvertrags des Nachkriegskapitalismus nach und nach aufgekündigt oder in Frage gestellt: politisch garantierte Vollbeschäftigung, flächendeckende Lohnfindung durch Verhandlungen mit freien Gewerkschaften, Mitbestimmung der Arbeitnehmer am Arbeitsplatz und im Unternehmen, staatliche Kontrolle von Schlüsselindustrien, ein breiter öffentlicher Sektor mit sicherer Beschäftigung als Vorbild für die Privatwirtschaft, universelle, gegen den Wettbewerb geschützte soziale Bürgerrechte, durch Einkommens- und Steuerpolitik in engen Grenzen gehaltene soziale Ungleichheit und staatliche Konjunktur- und Industriepolitik zur Verhinderung von Wachstumskrisen.«[75]

Sozialhistoriker betonen angesichts dieser Entwicklungen mit Erstaunen die »auffällige Konfliktferne« (Wehler) und den »bemerkenswert schwachen Widerstand« (Kocka) breiter Bevölkerungsschichten.

Dass die Arbeitsbevölkerung einem Prozess schweigend beiwohnt, der die Verschlechterung ihrer Lebens- und Arbeitsperspektiven bedeutet, ist nicht zu erklären, ohne die emotionale Ordnung zu verstehen, die mit dieser Wirtschaftsordnung verwoben ist und sie aufrechterhält. Handfeste Fakten wie Wachstumszahlen waren im 20. Jahrhundert und sind bis heute darauf gegründet, dass weite Teile der Erwerbsbevölkerung die ›richtigen‹, ›produktiven‹ Emotionen entwickeln – von dem Gefühl der Zugehörigkeit zu einer Firma über beruflichen Ehrgeiz und die Kontrolle negativer Emotionen bis hin zu der Motivation, die Firmenziele als quasi persönliche Ziele ausdauernd zu verfolgen. Noch vor 150 Jahren gab es diese Gefühlsordnung schlichtweg nicht. Dass sie im Lauf des 20. Jahrhunderts von Unternehmen etabliert wurde, dass schon die Berufsbildung in diesem Sinne immer auch eine ›Gefühlserziehung‹ beinhaltete, ist nicht per se negativ zu werten. Ohne eine emotional auf den Kapitalismus eingestellte Erwerbsbevölkerung hätte er seine historisch beispiellosen Wohlstandsgewinne niemals entfaltet.

Mit den Worten Jürgen Kockas: »Wer etwas Bescheid weiß über das Leben in den weiter zurückliegenden, nicht oder kaum kapitalistischen Jahrhunderten, kann gar nicht anders, als von den immensen Fortschritten beeindruckt zu sein, die in großen Teilen der Welt vor allem für die vielen Menschen, die nicht einer gut gestellten Oberschicht angehören, in Bezug auf materielle Lebensverhältnisse und Überwindung der Not, gewonnene Lebenszeit und Gesundheit, Wahlmöglichkeiten und Freiheit stattgefunden haben – Fortschritte, von denen sich rückblickend sagen lässt, dass sie ohne das dem Kapitalismus eigentümliche dauernde Wühlen, Drängen und Umgestalten vermutlich ausgeblieben wären.«[76]

Kritikwürdig wird diese Gefühlsordnung allerdings im Hinblick auf ihre sozialen und ihre ökologischen Konsequenzen: Zum einen begünstigt sie in besonderem Maße die soziale Ungleichheit. Durch die Bereitschaft der Arbeitnehmer, sich von einer erhöhten Leistung mehr Glück statt mehr Geld zu versprechen, ermöglicht diese emotionale Ökonomie unternehmerische Wachstumsgewinne ohne

Wohlstandsgewinne für die Arbeitnehmerschaft. Dies bedeutet freilich nicht, dass jeder Arbeitnehmer tatsächlich auch so empfindet. Für das Funktionieren der Ordnung ist es jedoch lediglich entscheidend, ob die Denkkategorien, die das HR-Management seit den 1970er Jahren eingeführt hat, ohne Widerspruch als ›natürliche‹, alternativlose Ordnung hingenommen werden. Das folgende Beispiel aus Carmen Losmanns Filmdokumentation *Work Hard – Play Hard* über die heutige Personalmanagement-Welt mag dies verdeutlichen:

In der Eingangsszene wird ein Bewerbungsgespräch gefilmt, in dem der Bewerber, ein Herr Bungartz, von der Vertreterin der Personalabteilung gefragt wird: »Herr Bungartz, was bedeutet Arbeit für Sie?« Er antwortet: »Arbeit bedeutet Freude für mich, ich arbeite mit Vergnügen, und ich bin gerne erfolgreich.« Etwas später werden die folgenden Bewertungskriterien für die Antwort von der Personalerin offengelegt: Hätte Herr Bungartz geantwortet, »Jeder Job ist gleich«, hätte er die niedrigste Bewertung, eine Eins erhalten. Wer Arbeit lediglich als Sicherung der Existenzgrundlage sieht und dies mit einer Aussage wie »Ich arbeite, um Geld zu verdienen« umschreibt, erhält eine Zwei. Wer die Erwerbsarbeit als wichtige »Lebensaufgabe« darstellt, erhält eine Drei. Wer es schafft, dieses Selbstverständnis besonders nachdrücklich zu vermitteln, hat sich schon eine Vier verdient. Die Höchstnote erreicht, wer authentisch und überzeugend vermittelt, dass er »sich mit der Aufgabe identifiziert und dort seine persönliche Weiterentwicklung sieht«. Für Herrn Bungartz' recht knappe Antwort notierte sein Gegenüber eine Drei.

Der springende Punkt ist: Sollte Herr Bungartz seinen Job tatsächlich nur als Erwerbsmittel sehen, wäre er gut beraten, dies zu kaschieren und sich der herrschenden Gefühlserwartung anzupassen. Denn nur wer diese emotionale Ökonomie auch umzusetzen versteht, erhält seine Chance auf dem qualifizierten Sektor des Arbeitsmarktes.[77] Dazu gehört, dass man seine unermüdliche Bereitschaft, höhere Leistungen zu erbringen, »ohne eine Gegenleistung zu erwarten«, glaubhaft versichern kann. Entsprechende Formulierungen finden sich in zeitgenössischen HR-Management-Büchern. Statt materieller Entlohnung sollte man sich durch »Ermunterung oder individuelle Wertschätzung« dahin führen lassen, »sich selbstlos für bestimmte Ziele zu engagieren«.[78] In dieser Arbeitswelt wird ein Mangel an Bereitschaft zu höheren Leistungen für den Einzelnen immer problematisch – selbst wenn die geforderten Leistungen weit über das vertraglich vereinbarte Maß hinausgehen. Dabei ist es fast unmöglich, eine Grenze zu definieren, über die hinaus man legitimerweise nicht arbeiten will, ohne dass dies als Motivationsschwäche ausgelegt wird.

Nun könnte man einwenden: Wer zu mehr Leistung bereit ist, soll in einer Meritokratie natürlich auch mehr dafür erhalten. Nur zeigen die wirtschaftlichen Kerndaten, dass wir beständig mehr leisten und produktiver werden, auf der materiellen Vergütungsseite aber dennoch immer weniger steht. Die 28-jährige Protagonistin eines Deutschlandfunk-Features über die unsicheren Arbeitsverhältnisse junger Erwachsener gibt den Basso continuo ihrer Generation treffend wieder: »Heute ist nichts mehr beständig. Man bekommt ja immer nur befristete Arbeitsverträge, man macht Jobs über die Zeitarbeitsfirma. Und so hast du das nicht erwartet, als du aus dem Studium rausgekommen bist. Du bist ja mit Motivation reingegangen, mit Idealismus. Dir war bewusst, dass du viel arbeiten wirst, aber du hast auch gehofft, dass du was zurückbekommst, auf der anderen Seite. Und das ist halt nicht der Fall. Heute steht halt auf der anderen Seite nichts.«[79] Mit der folgenden nötigen Differenzierung: Für die Hochqualifizierten gilt in der Regel das Diktat der Zeitnot – sie müssen wesentlich mehr Stunden pro Woche arbeiten für ein im Vergleich mit der vorhergehenden Generation niedrigeres Gehalt, das sich dennoch immer noch auf einem komfortablen Niveau bewegt. All jene unterhalb des ›High Potential‹-Niveaus sind zumeist dem Diktat der Geldnot unterworfen: Sie mögen die Firma noch pünktlich zum Feierabend verlassen, sind jedoch immer weniger in der Lage, sich über ihr Einkommen eine abgesicherte Existenz aufzubauen.

Die ›Outplacement-Beraterin‹ Svenja Hofert wird von Firmen angeheuert, um Angestellten im Zuge ihrer Entlassung eine Beratung für ihre weitere berufliche Laufbahn anzubieten. Die Haltung, die Firmen bei jungen Erwachsenen häufig erzeugen, beschreibt sie als die eines resignativen Aushaltens: »… du musst aushalten, auch bei wirklich miesen, abzockenden Ausbeuterbuden (…), weil, du findest da draußen eh nichts. Und diese Haltung ist natürlich vor allem bei denen etwas stärker ausgeprägt, die nicht den idealen Lebenslauf haben. Und das ist der Normalfall.«[80]

Ob weniger oder hoch qualifiziert – in beiden Fällen wird von der neuen Arbeitnehmergeneration erwartet, dass sie gute Miene zum bösen Spiel macht; das heißt, dass sie ihre Motivation dadurch unter Beweis stellt, die Zeit- oder Geldknappheit nicht zu thematisieren. Wem die Arbeit Spaß macht, hängt sich eben nicht an unbezahlten Überstunden oder zu niedrigen Gehaltszahlungen auf.

Dies ist der erste Umstand, aus dem heraus die zeitgenössische Emotionalisierung von Arbeitsverhältnissen in höchstem Maße kritikwürdig ist. Ein Arbeitsplatz mit emotionaler Anerkennung und persönlichem Engagement ist stets wünschenswert. Positive Arbeitsgefühle sollten jedoch kein Äquivalent sein für angemessene Bezahlung, gute Arbeitsbedingungen und einen Anspruch auf Freizeit und Privatsphäre. Unternehmen, die ihre Verantwortung gegenüber ihren Arbeitnehmern wahrnehmen, sollten sich kritisch mit den eigenen Erwartungen an den Gefühlshaushalt der Mitarbeiter auseinandersetzen. Sie können überprüfen, ob die von ihnen angebotenen Aufgaben es immer rechtfertigen, vom Mitarbeiter Leidenschaft, Spaß oder Befriedigung zu erwarten, oder ob diese gefühlslastige Rhetorik einen Mangel an quantifizierbarer Gerechtigkeit in puncto Entlohnung und Arbeitsbedingungen überdeckt. Werden diese Vorzüge jedoch gegen handfeste etablierte

Sozialstandards eingetauscht, dann kann von sozialem Fortschritt in der Wirtschaftsentwicklung keine Rede sein.

Nicht zuletzt offeriert diese soziale Kritik das konkrete Angebot, über sein eigenes Verhältnis zur Erwerbsarbeit nachzudenken. Ist Selbstverwirklichung tatsächlich immer an den Beruf geknüpft? Was wären Abgrenzungsmechanismen gegenüber übertriebenen Anforderungen der Arbeitgeber an die eigenen emotionalen Ressourcen? Und wie ließen sie sich kollektiv am besten umsetzen, damit niemand individuell einen Nachteil davonträgt, wenn an der herrschenden betrieblichen ›Gefühlserwartung‹ Kritik geübt wird? Was sind alternative Quellen des Sinns und des individuellen oder auch gemeinschaftlichen Glücksempfindens? Kann man positive Gefühle lediglich aus einem ›Schneller, Höher, Weiter‹ ziehen, oder ist auch eine Zufriedenheit vorstellbar, die nicht einer permanenten Steigerung durch immer neue Herausforderungen bedarf?

Unsere gegenwärtige Ordnung der Arbeitsgefühle ist nicht nur deshalb kritikwürdig, weil sie eine wachsende Einkommenskluft zwischen Kapitaleignern und Arbeitnehmern befördert. Sie ist zweitens insofern bedenklich, als sich die Wirtschaftsordnung, die sie unterstützt und befeuert, im 21. Jahrhundert negativ auswirken wird: Was im 20. Jahrhundert Wohlstandsgewinne ermöglichte – die Arbeitnehmerschaft zu höherer Leistungsfreude heranzubilden –, wird im 21. Jahrhundert zu Wohlstandsverlusten führen, wenn wir in gewohnter Art und Weise immer weiter produzieren und konsumieren. Die dahinterstehende Gleichung ist übersichtlich: Je leistungsfreudiger, karriereorientierter und leidenschaftlicher wir arbeiten, je mehr Spaß wir an unserer individuellen Produktivität entwickeln, desto schneller überschreitet das daraus resultierende Wirtschaftswachstum die ökologischen Grenzen unseres Planeten. Deutschlands ökologischer Fußabdruck liegt heute bereits bei 2,5. Mit anderen Worten: Würden alle Länder der Erde so wirtschaften wie wir, bräuchten wir zweieinhalb Planeten.[81] Solange wir es nicht vermögen, unsere wirtschaftliche Aktivität vom Ressourcenverbrauch zu entkoppeln, bedeutet jedes produktivere Arbeitsjahr ein ökologisch verlorenes Jahr.[82] Es ist allerhöchste Zeit, dass wir nicht nur über einen nachhaltigeren Konsumstil reflektieren, sondern auch Modelle eines nachhaltigeren Arbeitsstils erdenken. Wenn unsere Gesellschaft den Menschen vermittelt, dass sie sich in der Arbeit permanent steigern und ihre Grenzen erweitern müssen, um glücklich zu sein, dann ist dies ein zutiefst unnachhaltiges Persönlichkeitsmodell. Der Anspruch exponentieller Wachstumsraten ist auf Menschen angewiesen, die so konditioniert sind, dass sie in dieser ständigen Entgrenzung ihrer Leistung emotional keine Zumutung sehen, sondern eine Erfüllung und das Versprechen auf Persönlichkeitswachstum. Genau diese Auffassung von Arbeitsgefühlen können wir nicht mit guten Gründen weiter verfolgen – denn dieses Selbstverständnis produziert eine ökologische Last, die wir nicht wollen können, wenn wir uns für das Wohlergehen der nächsten Generation verantwortlich fühlen. Anhand weniger Zahlen sei illustriert, dass unsere Emsigkeit, jedes Jahr mehr Güter und Dienstleistungen zu produzieren, in wenigen Jahrzehnten größte Schäden anrichtet:

Der ›Climateaction-Tracker‹[83], den unter anderen das Potsdamer Institut für Klimafolgenforschung betreibt, übersetzt politische Versprechen zur Emissionsreduktion in Erwärmungsgrade. Derzeit stehen die Zeichen auf eine Erwärmung von vier Grad Celsius bis 2100 gerichtet, da sich die Staatengemeinschaft zwar auf das Zwei-Grad-Ziel geeinigt, jedoch keine geeigneten Maßnahmen festgelegt hat, um dieses Ziel auch zu erreichen. Eine durchschnittliche Erwärmung um vier Grad bedeutete beispielsweise in der Mittelmeerregion, also einer Region, die schon heute mit Trockenheit zu kämpfen hat, eine Erwärmung um acht Grad.[84] Die Weltbank rechnet vor, dass eine Erwärmung um vier Grad in weiten Teilen der Erde zur Folge hätte, dass 50 Prozent weniger Regen fällt. Bereits eine Erwärmung um zwei Grad hätte bis 2050 in vielen Weltregionen Ernteeinbußen von bis zu 50 Prozent zur Folge.[85] Und das bei einer absehbaren Rekordbevölkerung von knapp zehn Milliarden Menschen zur Mitte des Jahrhunderts, für die bis 2050 50 Prozent mehr Nahrungsmittel produziert werden müssen als heute. Der Sprecher des Welternährungsprogramms der Vereinten Nationen kommentiert diese Entwicklung mit den Worten: »Hunger ist künftig nicht nur eine Frage der gerechteren Verteilung. Wenn wir nicht umsteuern, wird es immer öfter nicht genug zum Teilen geben.«[86]

Bereits 2030 droht die weltweite Nachfrage nach Wasser das Angebot um 40 Prozent zu übersteigen.[87] Schon die Vorboten dieser Klimaentwicklung zeigen deren Massivität: Die extreme Dürre in Russland im Jahr 2010 beispielsweise kostete ein Drittel der Ernte, die Bauern mussten umgerechnet mit Hunderten Millionen Euro gerettet werden. Die Dürre in den USA im Jahr 2012 ließ nur noch ein Viertel der Erntepflanzen unbeschadet, der Maispreis stieg in der Folge an der Leitbörse in Chicago um 40 Prozent, was die Finanzspekulation antreibt und in Entwicklungsländern Hungerrevolten zur Folge hat.[88]

Das Argument, Wirtschaftswachstum sei notwendig, um den Wohlstand der armen Länder zu steigern, ist vor diesem Hintergrund unverständlich. Die Weltbank rechnet vor, dass die Mehrheit der Wohlstandsgewinne in Entwicklungsländern unter den Bedingungen des Klimawandels durch Extremwetterereignisse und Nahrungsmittelknappheit wieder zunichtegemacht wird.[89] Mit den Worten der Nobelpreisträger-Erklärung zum Klimawandel aus dem Jahr 2015: »Wenn wir dem nicht entgegensteuern, wird die Erde schließlich nicht mehr in der Lage sein, den Bedürfnissen der Menschheit gerecht zu werden und unsere ständig zunehmende Nachfrage nach Nahrung, Wasser und Energie zu decken. Und dies wird zu einer umfassenden menschlichen Tragödie führen.«[90]

Allein die prognostizierte Zahl an Klimaflüchtlingen ist gigantisch. Bis 2050 wird weltweit mit 200 Millionen klimabedingten Flüchtlingen gerechnet[91] – zum Vergleich: Die derzeitige Zahl von Menschen, die aus verschiedensten Gründen auf der Flucht sind, beträgt 60 Millionen.[92] Ihnen Schutz und Hilfe zur Verfügung zu stellen, überfordert die internationale Staatengemeinschaft bereits heute. Der frühere CIA-Direktor James Woolsey hat in diesem Zusammenhang die Prognose aufgestellt, dass auf einem um mehrere Grad wärmeren Planeten ›Nächstenliebe und Großmut abgestumpft sein werden‹.[93]

Effektive politische Lösungen in Anbetracht dieser Zahlen haben die verantwortlichen Staats- und Regierungschefs indes derzeit nicht anzubieten. Das Ziel einer ›Dekarbonisierung‹ der Weltwirtschaft bis zum Jahr 2100, wie jüngst auf dem G7-Gipfel verkündet, klingt zunächst handlungsmächtig, ist jedoch ohne die Angabe von operativen Zwischenschritten auf der Zeitschiene ein wertloses Versprechen. Die Internationale Energieagentur hat vor Kurzem vorgerechnet, dass die Energie-Infrastruktur im Jahr 2017 alle CO_2-Emissionen produzieren wird, die gerade noch so in das Zwei-Grad-Ziel passen. Im Umkehrschluss heißt das: Jede ab 2017 neue, nicht CO_2-neutrale Energiequelle (beispielsweise ein Gaskraftwerk) könnte nur ans Netz gehen, wenn stattdessen eine Energiequelle mit gleichem Emissionsumfang abgeschaltet wird. De facto bleibt also in nächster Zukunft schon kein Raum für neue Kraftwerke, Fabriken und andere Infrastrukturen, außer sie sind CO_2-neutral – »zero carbon«.[94] Die jetzigen Zusagen der G7-Staaten und der EU zur Emissionsreduktion verfehlen das Zwei-Grad-Ziel bereits deutlich, da wesentliche Fortschritte vor 2020 und 2030 erreicht werden müssten.[95] Das hat damit zu tun, dass die Erwärmung nicht linear, sondern sprunghaft verläuft. Sind einmal kritische Schwellen – ›Tipping Points‹ – überstrapaziert, verändert sich das Klima mit einem großen Satz und mit einer unversöhnlichen Unumkehrbarkeit – selbst wenn Emissionen später in diesem Jahrhundert noch reduziert werden sollten.[96] Es gibt gute Gründe zu der Annahme, dass wir ein Drittel dieser ›planetaren Grenzen‹ für die Zwei-Grad-Erwärmung schon durchbrochen haben und uns den restlichen mit atemberaubender Geschwindigkeit nähern.[97]

Trotz dieser unmissverständlichen Dringlichkeit beschäftigen sich die Staatsapparate der EU und der USA mit der Aushandlung eines transatlantischen Freihandelsabkommens – noch mehr Güter, noch mehr Dienstleistungen sollen dies- und jenseits des Atlantiks produziert, transportiert und konsumiert werden. Dabei haben die Emissionen, die durch den Transport von Gütern über Landesgrenzen verursacht wurden, in den vergangenen 20 Jahren um 400 Prozent zugenommen. Da sie im zwischenstaatlichen Raum anfallen, werden sie keinem Land offiziell zugerechnet, und niemand fühlt sich für ihre Reduzierung verantwortlich. Allein die Schiffsemissionen werden sich im Fall des ›business as usual‹ bis 2050 verdoppeln bis verdreifachen.[98] Dafür sind unter anderem jene Produkte verantwortlich, die in industrialisierten Ländern nur konsumiert, nicht jedoch hergestellt werden. Die amerikanische National Academy of Sciences rechnet vor, dass die Emissionen dieser extern produzierten Güter pikanterweise sechsmal höher sind als die Emissionseinsparungen der industrialisierten Länder, die das Kyoto-Protokoll unterzeichnet haben.[99] Yvo de Boer, ehemaliger UN-Klimafunktionär bis 2009, bedachte unlängst diese Konstellation mit dem Kommentar, dass man die gesamte globalisierte Wirtschaftsordnung dichtmachen müsse, wenn man das Zwei-Grad-Ziel erreichen wolle.[100]

Sich damit zu beruhigen, dass sich Deutschland aufgrund seiner geografischen Lage von den sozialen, ökonomischen und ökologischen Folgen des Klimawandels weitestgehend isolieren könne, ist indes ein naiver Glaube. Wenn eine Erwärmung von vier oder mehr Grad eintrifft[101], wird Deutschland sowohl mit einem unvorstellbar harten Migrationsdruck konfrontiert sein als auch mit unmittelbaren Umweltfolgen: In der zweiten Jahrhunderthälfte werden dann Klimaszenarien wahrscheinlich, die für Deutschland schwere Dürreperioden vorhersagen.[102] Auch hier sind die Vorboten nicht zu übersehen: Im August 2015 war der Boden in weiten Teilen Deutschlands so trocken wie seit 50 Jahren nicht.[103] In einigen Bundesländern war nur ein Drittel der erwarteten Regenmenge niedergegangen, und die Bauern mussten deutliche Ernteeinbußen befürchten.[104]

Der Einwand, Klimamodellierungen der Zukunft hätten noch ein hohes Maß an statistischer Variabilität, ist mehr als leichtsinnig. Selbst wenn die Wahrscheinlichkeit für ihr Eintreten extrem gering wäre – und das ist sie nicht –, wäre zügiges Handeln geboten, denn: Unsere Zivilisation versucht vernünftigerweise in der Regel, Katastrophen selbst dann abzufedern, wenn die Wahrscheinlichkeit für ihr Eintreten zwar gering, ihr möglicher Schaden jedoch enorm ist. Das ist das Vorsorgeprinzip, welches hinter Errungenschaften wie Feuerwehren, Unfallversicherungen und Impfprogrammen steht. Mit den Worten zweier Physik-Nobelpreisträger, Steven Chu und Brain Schmidt, anlässlich der Klimadeklaration von 36 Nobelpreisträgern: »Wollen wir weitere 50 Jahre warten, um uns absolut sicher zu sein, was passieren wird?« – «Wir können keine weiteren fünf Jahre so weitermachen.«[105]

Demgegenüber steht die Kraft jener Gefühlserziehung, die uns die moderne Wirtschaftsordnung seit 150 Jahren angedeihen lässt: Nicht nur hat sie die emotionale Bedeutung der Erwerbsarbeit extrem aufgewertet, die sich in der Folge von einer nötigen Mühsal zur Bedarfsdeckung hin zu einem mit Glücksversprechen verknüpften Schwerpunkt moderner Biografien entwickelt hat. Sie hat uns auch zur Konsumlust erzogen.[106] Bereits Werner von Siemens wurde im 19. Jahrhundert von seiner Frau geraten: Wenn er von seinen Arbeitern höhere Leistung wolle, müsse er ihnen den Kauf der Siemens-Produkte schmackhaft machen. Wer Konsumwünsche entwickelt, ist auch bereit, mehr zu arbeiten. Unsere Wachstumsökonomie würde zusammenbrechen, wenn nicht mittlerweile guter Verlass auf die emotionale Bindung der Menschen an ihr Arbeitsverhältnis und daran geknüpfte Konsumaussichten wäre. Dabei dreht sich die Spirale an ›Shopping‹-Gelüsten immer weiter: In den USA verdoppelt sich mittlerweile die Menge an gekaufter Kleidung jahrzehntweise; Deutschland steht den USA hierbei in nichts nach, der Durchschnittsdeutsche kauft pro Jahr 40 bis 70 Kleidungsstücke[107]; Elektronikgeräte werden hierzulande gewohnheitsmäßig ersetzt, obwohl 60 Prozent der Altgeräte noch laufen[108]; im Flugverkehr wird eine Verdopplung der Passagiermaschinen bis 2030 prognostiziert.[109] Theoretisch dürfte jeder Mensch durch Reisen, Energieverbrauch, Essen und Konsum nur 2,7 Tonnen CO_2 pro Jahr emittieren, um das Zwei-Grad-Ziel zu erreichen[110]; zum Vergleich: Ein Hin- und Rückflug von Frankfurt nach New York bedeutet pro Person in der Economy Class bereits Emissionen in Höhe von 2,8 Tonnen CO_2.[111] Die meisten Erwachsenen können sich eher weniger vorstellen, auf einen solchen Flug zu verzichten, als sie sich vorstellen können, ihren Kindern das oben skizzierte Zukunftsszenario zuzumuten! Harald Welzer, Professor für Transformationsdesign und Direktor der ökologischen Zukunftsstiftung ›Futur Zwei‹, bringt diese eklatante Widersprüchlichkeit in der direkten Ansprache seiner Leser auf den Punkt: »Die Kultur des ALLES IMMER verbraucht die Zukunft derjenigen, die das Pech hatten, später geboren zu sein als Sie. Dass Sie relativ gelassen mit diesem moralisch zutiefst verstörenden Sachverhalt umgehen können, liegt wahrscheinlich daran, dass Sie daran gewöhnt sind, Ihre Konsumbedürfnisse auf Kosten anderer zu befriedigen. Oder hatten Sie im Ernst gedacht, dass niemand betrogen würde, wenn Sie ein T-Shirt für 4,95 Euro kaufen oder einen All-Inclusive-Urlaub in der Dominikanischen Republik für 799 Euro buchen? Das ist auch alles nichts Neues. Neu ist nur: Sie betrügen jetzt nicht mehr nur die anderen, irgendwo da draußen in der Welt, sondern inzwischen auch Ihre eigenen Leute – ihre Kinder, Nichten, Neffen, Enkel und wer nach Ihnen noch so kommt. Und damit auch sich selbst, denn so schlecht wollten Sie ja nie sein.«[112]

Die Vorteile eines WENIGER statt des ALLES IMMER liegen auf der Hand: Neben der Sicherung menschenwürdiger Zukunftsperspektiven könnten wir unsere Konsumkultur in eine Kultur des Zeitwohlstands verwandeln. In den OECD-Ländern haben die Bürger in der Regel 60 bis 70 Prozent ihres Einkommens zur freien Disposition, nur 30 bis 40 Prozent der Haushaltseinkommen werden für Grundbedürfnisse wie Nahrung und Wohnen ausgegeben.[113] Unterstützt durch eine global höhere Besteuerung von Vermögen und durch Umverteilung, liegt hier der Spielraum, um unseren Konsum und unsere Produktion auf ein zukunftsfähiges und menschengerechtes Maß herunterzuschrauben. Dafür müssen wir uns jedoch von jenen emotionalen Verheißungen frei machen, in die wir aufwendig über hundert Jahre lang von unserer Wachstumsökonomie hineinsozialisiert worden sind: namentlich von dem Versprechen, dass gesteigertes Arbeiten und Konsumieren glücklicher macht als mehr freie Zeit mit Freunden, Familie und Muße für sich selbst.

Wir haben genau in diesem Jahrzehnt die Wahl: Geben wir unseren eigenen Kindern und Enkeln allen Grund, uns zu verfluchen? Oder lassen wir die gegenwärtige Gefühlsordnung hinter uns und werden zu Keynes' Enkeln?

Anmerkungen

Prolog

1 Max Weber, Die protestantische Ethik und der Geist des Kapitalismus, Köln 2009, S. 51 f.

2 Statistisches Bundesamt, Volkswirtschaftliche Gesamtrechnung, Inlandsproduktberechnung, Lange Reihen ab 1970 (Fachserie 18, Reihe 1.5), Tabelle 2.14: Arbeitsproduktivität je geleisteter Erwerbstätigenstunde: https://www.destatis.de/DE/Publikationen/Thematisch/VolkswirtschaftlicheGesamtrechnungen/Inlandsprodukt/InlandsproduktsberechnungLangeReihen-PDF_2180150.pdf?__blob=publicationFile (zuletzt abgerufen am 19.7.2015).

3 Jürgen Kocka, »Industrielles Management: Konzeptionen und Modelle in Deutschland vor 1914«, in: Vierteljahrschrift für Sozial- und Wirtschaftsgeschichte (61, 1969), S. 332–372.

4 Die Dissertation wurde 2013 an der Freien Universität Berlin eingereicht. Wer sich für die Einordnung dieser Arbeit in die Forschungsliteratur, methodologische Überlegungen und den Quellenapparat interessiert, sei auf die Publikation der Doktorarbeit verwiesen.

I. Von der Last zur Lust

1 Klaus Tenfelde, »Mitbestimmung und Unternehmenskultur in Deutschland. Die Chemieindustrie im 20. Jahrhundert«, in: Klaus Tenfelde (Hrsg.), Stimmt die Chemie? Mitbestimmung und Sozialpolitik in der Geschichte des Bayer-Konzerns, Essen 2007, S. 11–34, S. 17.

2 Adolf Levenstein, Die Arbeiterfrage. Mit besonderer Berücksichtigung der sozialpsychologischen Seiten des modernen Großbetriebes und der psycho-physischen Einwirkungen auf die Arbeiter, München 1912, S. 90 f.

3 Marie Bernays, »Berufswahl und Berufsschicksal des modernen Industriearbeiters«, in: Archiv für Sozialwissenschaft und Sozialpolitik (35), Tübingen 1912, S. 884–915, S. 899.

4 Leo Engel, »Zur Psychologie der Arbeiter und der Arbeit«, in: William Stern/Otto Lipmann (Hrsg.): Zeitschrift für angewandte Psychologie und psychologische Sammelforschung, Leipzig 1912, S. 547–561, S. 555.

5 Klaus Schönhoven, Arbeiterbewegung und soziale Demokratie in Deutschland, Bonn 2002, S. 170.

6 Dr. Ing. A. Vögler, »Zum Geleit. Aus der Eröffnungsansprache des Vorsitzenden A. Vögler anläßlich der Gemeinschaftssitzung der Deutschen Eisenhüttenleute«, in: Karl Dunkmann, Die menschliche Arbeitskraft im Produktionsvorgang, Düsseldorf 1925, S. 2.

7 Aloys Fischer, »Die psychischen Wirkungen der menschlichen Umwelt«, in: Johannes Riedel (Hrsg.), Arbeitskunde. Grundlagen, Bedingungen und Ziele der wirtschaftlichen Arbeit, Leipzig 1925, S. 151–172, S. 168.

8 Herbert Studders, »Sozialpolitik in Betrieben«, in: Der wirtschaftliche Wert der Sozialpolitik. Eine Sammelschrift, Jena 1931, S. 124–147, S. 126.

9 Christian Schmitz, »Die Nachbarschaft von Mensch und Maschine«, in: Betriebsrätezeitschrift für Funktionäre der Metallindustrie« (7), Berlin 1926, S. 159–160.

10 G. Albrecht, »Werksgemeinschaft«, in: Handwörterbuch der Staats-
wissenschaften, Jena 1929, S. 945–960, S. 948.

11 Ibid.

12 Walter Poppelreuter, Dinta-Robinson-Kurse zur Einfachstschulung
der handwerklichen Fähigkeit, Düsseldorf: Gesellschaft für
Arbeitspädagogik, 1935, S. 9 f.

13 Otto Schenz, »Wie ich zu einer Werksgemeinschaft kam«, in:
Theodor Lüddecke, Industrieller Friede. Ein Symposion, Leipzig
1928, S. 109–117, S. 110.

14 Theodor Lüddecke, »Der neue Wirtschaftsgeist«, in: Ders. (Hrsg.),
Industrieller Friede – Ein Symposion, Leipzig 1928, S. 9–61,
S. 49.

15 Goetz Briefs, Betriebsführung und Betriebsleben in der Industrie,
Stuttgart 1934, S. 3.

16 Deutsche Arbeitsfront, »Gesinnung, Stimmung, Haltung«, in:
Soziale und wirtschaftliche Mitteilungen (9–10), Berlin 1943.

17 Deutsche Arbeitsfront, Soziale und wirtschaftliche Mitteilungen,
März 1939, A2d.

18 Goetz Briefs, »Betriebssoziologie«, in: Alfred Vierkandt (Hrsg.),
Handwörterbuch der Soziologie, Stuttgart 1931, S. 31–53, S. 50.

19 Walter Jost, »Beseelte und entseelte Arbeit«, in: Roland Brauweiler
(Hrsg.), Der Arbeitgeber. Zeitschrift der Vereinigung der deutschen
Arbeitgeberverbände (21), Berlin 1927, S. 502–503, S. 503.

20 Henrik de Man, Der Kampf um die Arbeitsfreude. Eine Untersuchung auf Grund der Aussagen von 78 Arbeitern und Angestellten, Jena 1927, S. 89.

21 Matthias Göring, Eröffnungsansprache, in: Rudolf Bilz (Hrsg.),
Psyche und Leistung, Bericht über die 3. Tagung der Deutschen
Allgemeinen Ärztlichen Gesellschaft für Psychotherapie in Wien
am 6. und 7. September 1940, Stuttgart 1941, S. 7–10, S. 10.

22 Poul Bjerre, »Die Rolle des Unbewußten bei der Leistungssteigerung«, in: ibid., S. 174–182, S. 178.

23 Erika Hantel, Brücken von Mensch zu Mensch. Erfahrungen einer
Betriebspsychologin, Stuttgart 1953, S. 72 ff.

24 Albrecht Weiß, »Betriebsmeister und Menschenführung. Ein
Bericht über die Kohlhofkurse der I.G. Farbenindustrie in Ludwigs-

hafen in den Jahren 1942 bis 1944«, in: Irma Hoffmann (Hrsg.),
Aus der Praxis der sozialen Betriebsgestaltung. Aufsätze, Auszüge
und Beiträge von Dr. Albrecht Weiß, Düsseldorf 1950, S. 90–95,
S. 90f.

25 Zitiert nach Ruth Rosenberger, Experten für Humankapital. Die
Entdeckung des Personalmanagements in der Bundesrepublik
Deutschland, München 2008, S. 185.

26 Siemens Unternehmensarchiv, SSA Lt 350, Mensch und Betrieb.
10 Jahre Aufbau – Rückblick und Vorschau 1948–1958, S. 8.

27 Siemens Unternehmensarchiv, SSA 14/L 337: Siemens-Mitteilungen
(8), 1969, S. 15.

28 Siemens SSA 14/Lt 337: »Das Gespräch als Arbeitsmittel«, in:
Bundesvereinigung der Deutschen Arbeitgeberverbände,
Arbeitsberichte des Ausschusses für betriebliche Personalpolitik.
Informationen für die Betriebsleitung (44), S. 6.

29 Ludwig Vaubel, Unternehmer gehen zur Schule. Ein Erfahrungsbericht aus den USA, Düsseldorf 1952, S. 90.

30 Siemens Unternehmensarchiv, SSA 12799, »Richtlinien für die
Arbeit in einer Arbeitsgemeinschaft«.

31 Bundesvereinigung der deutschen Arbeitgeberverbände,
Gedanken zur sozialen Ordnung, Köln 1953, S. 13.

32 Hantel, Brücken von Mensch zu Mensch, Stuttgart 1953, S. 48ff.

33 Otto Merckle, »Arbeits- und Berufspädagogik in der betrieblichen
Praxis«, in: Rationalisierungskuratorium der deutschen Wirt-
schaft (Hrsg.), Betrieb und Arbeitswissenschaften. Schriftenreihe
Wege zur Rationalisierung (7), München 1954, S. 51–59, S. 58.

34 Bernhard Herwig/Siegfried Faßbender (Hrsg.), Die Weiterbildung der Industriemeister, Deutsches Institut zur Förderung des
industriellen Führungsnachwuchses, Essen 1962, S. 22.

35 Guido Fischer, Partnerschaft im Betrieb, Heidelberg 1955, S. 11.

36 G. Bräutigam, Sorgen eines Personalleiters, in: Rationalisierungs-
kuratorium der Deutschen Wirtschaft, Der Mensch und seine
Arbeit: aktuelle Probleme der menschlichen Arbeit im Betrieb,
München 1958, S. 69–79, S. 77.

37 Frederick Herzberg, One more time: How do you motivate
employees?, in: Harvard Business Review, Jan/Feb 1968; hier

übersetzt und zitiert nach dem Reprint: Harvard Business Review, Sep/Oct 1987, S. 5–16, S. 5.

38 Ibid., S. 8.

39 Frederick Herzberg, Work and the Nature of Man, New York 1971, S. 61.

40 Herzberg, One more time: How do you motivate employees, S. 10 ff.

41 Hilde Dimpflmeier, Warum Frauen Monotonie-Arbeiten vorziehen, in: Mensch und Arbeit (17/5), 1965, S. 144–146, S. 145.

42 Eberhard Ulich, Möglichkeiten einer Verbesserung der Qualität des Arbeitslebens, in: Süddeutsche Zeitung (12.3.1974), S. IV.

43 Walter Rohmert/Fritz Weg, Organisation teilautonomer Gruppenarbeit. Betriebliche Projekte – Leitregeln zur Gestaltung. RKW Beiträge zur Arbeitswissenschaft, München 1976, S. 11.

44 Günther Rühl, Menschengerechte Arbeitsplätze, in: Institut der Deutschen Wirtschaft (Hrsg.), Qualität des Lebens am Arbeitsplatz, Köln 1974, S. 79.

45 Ibid., S. 77 ff.

46 Ibid., S. 49.

47 Rohmert, Organisation teilautonomer Gruppenarbeit, S. 28.

48 Rühl, Menschengerechte Arbeitsplätze, S. 73.

49 Heinz-Ludwig Horney, Motivationstheorien und ihre Bedeutung für den Betriebsalltag, in: Institut für angewandte Arbeitswissenschaft (Hrsg.), Angewandte Arbeitswissenschaft. Zeitschrift für die Unternehmenspraxis (61), Köln 1976, S. 20–39, S. 37.

50 Gerhard Frühe, Zukünftige Gesichtspunkte der Personalentwicklung, in: Deutsche Gesellschaft für Personalführung (Hrsg.), Das Personalwesen der Zukunft. Ein Kongreßbericht, Berlin 1970, S. 132–147, S. 147.

51 Arthur Mayer, Neue Aspekte der Personalführung, in: Deutsche Gesellschaft für Personalführung (Hrsg.), Das Personalwesen der Zukunft. Ein Kongreßbericht, Berlin 1970, S. 20–32, S. 29.

52 Klaus Bräuer, Betriebspsychologie im Bereich des Unterrichts über die moderne Wirtschafts- und Arbeitswelt, Ratingen 1974, S. 9.

53 Ibid., S. 37.

II. Eine Geschichte der Arbeitsgefühle

1 Karl Arnhold, Betriebs- und Arbeitsführung, Leipzig 1936, S. 18.

2 Adolf Friedrich, Der junge Führer, Karlsruhe 1931, S. 10.

3 Karl Arnhold, Ausbildung und Schulung von Arbeitern in Großbetrieben, in: Karl Dunkmann, Die menschliche Arbeitskraft im Produktionsvorgang, S. 15–19, S. 19.

4 Albrecht, Werksgemeinschaft, S. 948.

5 Karl Arnhold, Betriebs- und Arbeitsführung in der Front der Deutschen Arbeit. Vortrag gehalten auf der Arbeitstagung der Gauverwaltung Sachsen der DAF am 17. Oktober 1935, Leipzig 1936, S. 14.

6 John Gilingham, The Deproletarianization of German Society: Vocational Training in the Third Reich, in: Journal of Social History (19/3), 1986, S. 423–443, S. 426 f.

7 Siemens Studiengesellschaft für praktische Psychologie (Hrsg.), Siemens Lehrgang Menschenkenntnis und Menschenbehandlung, S. 182.

8 Arnhold, Betriebs- und Arbeitsführung, S. 18.

9 Arved Dach, Menschenbehandlung in der Industrie, Braunschweig 1931, S. 55.

10 Arbeitswissenschaftliches Institut der Deutschen Arbeitsfront, Ermüdung, Arbeitsgestaltung, Leistungssteigerung, Berlin 1938, S. 38.

11 Karl Arnhold, Betriebs- und Arbeitsführung, S. 4.

12 Levenstein, Die Arbeiterfrage, S. 73.

13 Paul Perls, Welche Maßnahmen können die Arbeitsfreudigkeit in einem Betriebe heben? Aus dem Kleinbauwerk der Siemens-Schuckert-Werke AG, in: Der Werksleiter (7), 1928, S. 214.

14 Wilhelm Hergt/Albrecht Weiß, Soziale Betriebsgestaltung, in: Der Betriebs-Berater (2/16), Heidelberg 1947.

15 Karl-Friedrich Diedrich, Entwicklung und Stand der sozialen Betriebsgestaltung, München 1951, S. 52 f.

16 Ibid., S. 7.

17 Alfred Friedrich Flender, Das Problem »Mensch und Arbeit« als Kernproblem des Unternehmers, in: Rationalisierungskuratorium

der deutschen Wirtschaft (Hrsg.), Betrieb und Arbeitswissenschaften. Schriftenreihe Wege zur Rationalisierung, München 1954, S. 15–22, S. 20.

18 Siemens Unternehmensarchiv SSA 12799, W. Meier, Der Mensch in unserem Werk. Aus der Vortragsreihe »Unser Werk und seine Fertigungstechnik« (Oktober 1951), S. 4.

19 Herbert Gross, Manager von Morgen. Partnerschaft als Wirtschaftsform der Zukunft, Düsseldorf 1949, S. 282.

20 Karl-Friedrich Diedrich, Entwicklung und Stand der sozialen Betriebsgestaltung, S. 59.

21 Josef Winschuh, Arbeitgeberverband und soziale Betriebsgestaltung, Köln 1952, S. 13.

22 Gert Spindler, Mitunternehmertum. Vom Klassenkampf zum sozialen Ausgleich, Hamburg 1951, S. 83.

23 Elisabeth Liefmann-Keil, Soziale Betriebsgestaltung – volkswirtschaftlich gesehen, in: Wilhelm Hergt / Otto Pfeffer, Soziale Betriebsgestaltung, S. 8–10, S. 9.

24 Erich Potthoff, Theorie und Praxis der sozialen Betriebspolitik, Stuttgart 1953, S. 45 f.

25 Dirk Cattepoel, Tips für Vorgesetzte, Düsseldorf 1959, S. 57 f.

26 Ibid., S. 57.

27 Deutsches Aktieninstitut, Mitarbeiterbeteiligung mit Aktien, Frankfurt a. M. 2013, S. 8.

28 Siemens Unternehmensarchiv, SSA 12799, Vortrag des Herrn Seifert: Rationalisierung als betriebspsychologische Aufgabe (18.12.1953), S. 4 f.

29 Herzberg, One more time, S. 14, Originalzitat: »Because the ultimate reward in motivation is personal growth, people don't need to be rewarded incrementally.«

30 Reiner Bröckermann, Personalwirtschaft, Stuttgart 2012, S. 275.

31 Hugo Münsterberg, Arbeit und Ermüdung, Leipzig 1917, S. 17.

32 Levenstein, Die Arbeiterfrage, S. 38 f.

33 Hugo Münsterberg, Arbeit und Ermüdung, S. 14 f.

34 Otto Biener, das Arbeitserlebnis und seine Wandlungen, in: Johannes Riedel (Hrsg.), Arbeitskunde. Grundlagen, Bedingungen und Ziele der wirtschaftlichen Arbeit, Berlin 1925, S. 28–40, S. 35.

35 Arbeitswissenschaftliches Institut der Deutschen Arbeitsfront, Ermüdung, Arbeitsgestaltung, Leistungssteigerung, Berlin 1938, S. 20 f.

36 Ibid., S. 37.

37 Dach, Menschenbehandlung, S. 56.

38 Prof. Dr. med. Otto Graf, Soziale Betriebsgestaltung und Arbeitspsychologie, in: Wilhelm Hergt/Otto Pfeffer, Soziale Betriebsgestaltung. Ein Überblick über ihre Aufgaben und Ziele, S. 19–21, S. 19 f.

39 Siemens Unternehmensarchiv, SSA 14Lt/337, Warnzeichen Müdigkeit, in: Siemens-Mitteilungen (23), 1957.

40 Graf, Soziale Betriebsgestaltung und Arbeitspsychologie, S. 20.

41 Heinz Dürrbeck, Die Arbeitswissenschaften im Betrieb, in: Rationalisierungskuratorium der deutschen Wirtschaft (Hrsg.), Betrieb und Arbeitswissenschaften, S. 23–35, S. 31 f.

42 Siemens Unternehmensarchiv, SSA 12799, Sozialpolitische Abteilung an Herrn Schuchmann (12.3.1954).

43 Rohmert/Weg, Organisation teilautonomer Gruppenarbeit, S. 30.

44 Theodor Hettinger, Arbeitswissenschaft in der Betriebspraxis, in: Angewandte Arbeitswissenschaft. Mitteilungen des Instituts für angewandte Arbeitswissenschaft (60), Köln 1975, S. 1–32, S. 19.

45 http://www.apotheken-umschau.de/burnout (zuletzt abgerufen am 24.7.2015).

46 Karl Arnhold, Ausbildung und Schulung von Arbeitern in Großbetrieben, in: Dunkmann (Hrsg.), Die menschliche Arbeit im Produktionsvorgang, Düsseldorf 1925, S. 15–19, S. 15.

47 Walter Moede, Arbeitstechnik. Die Arbeitskraft. Schutz–Erhaltung–Steigerung, Stuttgart 1935, S. 127 f.

48 Ernst Korff, Human Relations. Menschen beurteilen und richtig behandeln. Ein Leitfaden für die betriebliche Praxis (Sammlung praktische Psychologie), München 1954, S. 14.

49 Siemens Unternehmensarchiv, SSA 12799, Ausführungen zum Aufgabengebiet des Betriebspsychologen, 6. Oktober 1951.

50 Prof. A.D. Achelis, Soziale Betriebsgestaltung und Arbeitsphysiologie, in: Wilhelm Hergt/Otto Pfeffer, Soziale Betriebsgestaltung. Ein Überblick über ihre Aufgaben und Ziele, S. 17–18, S. 17.

51 Herbert Gross, Manager von Morgen. Partnerschaft als Wirtschaftsform der Zukunft, Düsseldorf 1949, S. 36.
52 Rationalisierungskuratorium der Deutschen Wirtschaft, Volkswirtschaftliche Faktoren der Produktivität. Bericht einer Studiengruppe deutscher Fachleute aus den Wirtschaftsforschungsinstituten über eine Reise in die USA, München 1957, S. 23.
53 Gross, Manager von Morgen, S. 24.
54 Ibid., S. 73.
55 Rüdiger Hachtmann, Ein Kind der Ruhrindustrie. Die Geschichte des Kaiser-Wilhelm-Instituts für Arbeitsphysiologie von 1913 bis 1949, in: Westfälische Forschungen, Münster 2012, S. 73–154, S. 80.
56 Heinz Studders, Sozialpolitik in Betrieben, in: Der wirtschaftliche Wert der Sozialpolitik, Jena 1931, S. 124–147, S. 129.
57 Heinrich Nicklisch, Wirtschaftliche Betriebslehre, Stuttgart 1922, S. 34 f.
58 Gross, Manager von Morgen, S. 34.
59 Rationalisierungskuratorium der Deutschen Wirtschaft, Volkswirtschaftliche Faktoren der Produktivität, S. 24.
60 Josef Winschuh, Ansprache an den jungen Unternehmer, gehalten auf dem Treffen der jungen Unternehmer in Hattenheim am Rhein, Frankfurt a. M. 1950, S. 13.
61 Ibid., S. 15.
62 Karl-Friedrich Diedrich, Human Relations als soziales und wirtschaftliches Potential im Betrieb, München 1951, S. 16.
63 Erwin Bramesfeld/Bernd Herweig (Hrsg.), Die menschlichen Beziehungen in der Industrie: Beobachtungen einer deutschen Studiengruppe in USA (RKW-Auslandsdienst, Heft 41), München 1956, Vorwort.
64 Josef Winschuh, Ansprache an den jungen Unternehmer, S. 15.
65 Lag die Außenhandelsquote 1970 noch bei ca. 17 Prozent des Bruttoinlandsprodukts, so erreichte sie 2012 einen Wert von knapp 76 Prozent.
66 Gross, Manager von Morgen, S. 9.
67 Poul Bjerre, Die Rolle des Unterbewußten bei der Leistungssteigerung, in: Bilz, Psyche und Leistung, S. 174–182, S. 178.

68 Felix Scherke, Sozialpsychohygiene im Betrieb, in: Wilhelm Hergt/Otto Pfeffer (Hrsg.), Soziale Betriebsgestaltung. Ein Überblick über ihre Aufgaben und Ziele, Heidelberg 1948, S. 21–23, S. 21.

69 Friedrich Liegert, Führungspsychologie für Vorgesetzte, München 1973, S. 61.

70 Frederick Herzberg, Work and the Nature of Man, New York 1971, S. 65.

71 Walter Rohmert/Fritz Weg, Organisation teilautonomer Gruppenarbeit. Betriebliche Projekte – Leitregeln zur Gestaltung. RKW Beiträge zur Arbeitswissenschaft, München 1976, S. 65.

72 Günther Rühl, »Menschengerechte Arbeitsplätze durch soziotechnologische Systemgestaltung«, in: Institut der deutschen Wirtschaft (Hrsg.), Qualität des Lebens am Arbeitsplatz, Köln 1974, S. 44–98, S. 76.

73 Zitiert nach Ruth Rosenberger, Experten für Humankapital. Die Entdeckung des Personalmanagements in der Bundesrepublik Deutschland, München 2008, S. 430.

74 Hendrik De Man, Der Kampf um die Arbeitsfreude. Eine Untersuchung auf Grund der Aussagen von 78 Industriearbeitern und Angestellten, Jena 1927, S. 216.

75 Adolf Levenstein, Die Arbeiterfrage. Mit besonderer Berücksichtigung der sozialpsychologischen Seite des modernen Großbetriebes und der psycho-physischen Einwirkungen auf die Arbeiter, München 1912, S. 106.

76 Erwin Küchle, Menschenkenntnis für Manager. Der Schlüssel zum anderen. München 1977, S. 166 ff.

77 Karl Dunkmann, Massenpsychologie und Arbeitserfolg, in: Dunkmann (Hrsg.), Die menschliche Arbeitskraft im Produktionsvorgang, Düsseldorf 1925, S. 3–9, S. 3.

78 Arved Dach, Menschenbehandlung in der Industrie. Eine betriebssoziologische Studie, Braunschweig 1931, S. 105.

79 Philipp Lersch, »Die praktischen Einsatzgebiete der Psychologie«, in: Deutschlands Erneuerung. Monatsschrift für das deutsche Volk (27/1–2), München 1940, S. 54–67, S. 56.

80 Josef Winschuh, Praktische Werkspolitik. Darstellung einer

planmäßigen Arbeitspolitik im modernen Fabrikbetriebe, Berlin 1923, S. 58.

81 Adolf Levenstein, Die Arbeiterfrage. Mit besonderer Berücksichtigung der sozialpsychologischen Seite des modernen Großbetriebes und der psycho-physischen Einwirkungen auf die Arbeiter, München 1912, S. 73/131.

82 Arved Dach, Menschenbehandlung in der Industrie. Eine betriebssoziologische Studie, Braunschweig 1931, S. 48.

83 Paul Osthold, Der Kampf um die Seele unseres Arbeiters, Düsseldorf: Industrie-Verlag, 1928, S. 18.

84 Goetz Briefs, Betriebsführung und Betriebsleben in der Industrie, Stuttgart 1934, S. 140.

85 Deutsche Arbeitsfront, »Menschenbetreuung als Mittel zur Leistungssteigerung«, in: DAF, Soziale und wirtschaftliche Mitteilungen, 1. Folge 1942, I.

86 Adolf Friedrich, Grundaufgaben der Menschenführung im Betrieb. Vortrag, gehalten auf der wissenschaftlichen Tagung des Deutschen Stahlbau-Verbandes in Berlin am 5.10.1938, Clausthal-Zellerfeld 1938, S. 15 f.

87 Karl Dunkmann, Massenpsychologie und Arbeitserfolg, in: Dunkmann (Hrsg.), Die menschliche Arbeitskraft im Produktionsvorgang, Düsseldorf 1925, S. 3–9, S. 8.

88 http://www.bwpat.de/ausgabe9/kipp_bwpat9.shtml (zuletzt abgerufen am 1.8.2015).

89 Goetz Briefs, Betriebsführung und Betriebsleben in der Industrie, Stuttgart 1934, S. 50.

90 Siemens Unternehmensarchiv, SSA Lt 350, Mensch und Betrieb. 10 Jahre Aufbau – Rückblick und Vorschau 1948–1958, S. 21 f.

91 Bundesvereinigung der deutschen Arbeitgeberverbände, Gedanken zur sozialen Ordnung, Köln 1953, S. 13.

92 Erika Hantel, Brücken von Mensch zu Mensch. Erfahrungen einer Betriebspsychologin, Stuttgart 1953, S. 71f.

93 Felix Scherke, Sozialpsychohygiene im Betrieb, in: Wilhelm Hergt/ Otto Pfeffer (Hrsg.), Soziale Betriebsgestaltung. Ein Überblick über ihre Aufgaben und Ziele, Heidelberg 1948, S. 21–23, S. 21.

94 Rudolf Werner, Menschenführung im Betrieb, in: Münchener

Psychologen-Kongress (Hrsg.), Psychologie in Wirtschaft und Politik: Bericht über den Münchener Psychologen-Kongreß vom 1. bis 4. Oktober 1949, München 1949, S. 39–46, S. 46.

95 Zitiert nach Rosenberger, Experten für Humankapital, S. 430.

96 Wolfgang Schluchter / Sabine Frommer (Hrsg.): Max Weber, Zur Psychophysik der Industriellen Arbeit: Schriften und Reden 1908–1912, Tübingen 1998, S. 237.

97 Thomas Welskopp, »Arbeitergeschichte im Jahr 2000. Bilanz und Perspektiven« in: Traverse. Zeitschrift für Geschichte (7), 2000, S. 15–30, S. 20.

III. Weniger ist mehr

1 Martin Wehrle, »Persönliche Entwicklung«, in: DIE ZEIT (15.7.2012): http://www.zeit.de/2012/28/C-Coach (zuletzt abgerufen am 2.8.2015).

2 Industrie- und Handelskammer (Hrsg.), Industriemeister, Industriemeisterin. Grundlagen der Zusammenarbeit im Betrieb, Bonn 2005, S. 17–30.

3 Wissenschaftszentrum Berlin für Sozialforschung, Pressemitteilung 10.9.2013: http://www.wzb.eu/de/pressemitteilung/die-jungen-frauen-stehen-enorm-unter-druck (zuletzt abgerufen am 2.8.2015).

4 Joris Luyendijk, Unter Bankern. Eine Spezies wird besichtigt, Stuttgart 2015.

5 Michael Maisch, »Moderne Hahnenkämpfe«, in: Handelsblatt (22.–24.5.2015), S. 62.

6 Wolf Lotter, »Gute Arbeit«, in: Brand Eins (16. Jahrgang, Heft 9), September 2014, S. 33.

7 Deutsches Institut für Wirtschaftsforschung, Lebenseinkommen von Arbeitnehmern in Deutschland (3.12.2014): http://www.diw.de/documents/publikationen/73/diw_01.c.491012.de/14-49-1.pdf

8 Stiftung für die Rechte zukünftiger Generationen, Arbeitnehmer zweiter Klasse. Zur Lage der jungen Generation auf dem Arbeitsmarkt (6.8.2014), S. 8, http://srzg.croxtethgroup.com/wp-content/

uploads/sites/16/2014/06/PP-Arbeitsmarkt.pdf (zuletzt abgerufen am 2.8.2015).

9 Bundeszentrale für politische Bildung, »Empirische Befunde: Die betriebliche Altersvorsorge in der Privatwirtschaft« (31.1.2014): http://www.bpb.de/politik/innenpolitik/rentenpolitik/149320/ empirische-befunde (zuletzt abgerufen am 2.8.2015).

10 Die Journalistin Julia Friedrichs trug unlängst in ihrem Buch »Wir Erben« Befunde dafür zusammen, dass heutzutage beispielsweise der Hausbau eher durch das Sponsoring der Elterngeneration als durch die eigene Erwerbstätigkeit ermöglicht wird.

11 Hans-Ulrich Wehler, Die neue Umverteilung. Soziale Ungleichheit in Deutschland, München 2013, S. 89 ff.

12 Jacob S. Hacker & Paul Pierson, Winner Take All Politics, New York 2010, S. 35 f.

13 DPA, »Gehaltssteigerungen seit 2005 nur für Top-Manager«, in: Die Welt (9.11.2012): http://www.welt.de/wirtschaft/article110843675/ Gehaltssteigerungen-seit-2005-nur-fuer-Top-Manager.html (zuletzt abgerufen am 2.8.2015).

14 Wehler, Die neue Umverteilung, S. 79. Hacker und Pierson rechnen für die USA vor, dass das reichste eine Prozent der Haushalte in den USA zwischen 1979 und 2006 seine Einkünfte nach Steuern um spektakuläre 260 Prozent steigern konnte, s. Hacker/Pierson, Winner Take All Politics, S. 22 ff.

15 DPA, »Manager rechtfertigen Millionengehälter« (2.12.2007): http:// www.t-online.de/wirtschaft/jobs/id_13595124/managergehaelter-manager-rechtfertigen-millionen-gehaelter.html (zuletzt abgerufen am 2.8.2015).

16 Zitiert nach Wehler, Die neue Umverteilung, S. 83.

17 https://de-de.facebook.com/MicrosoftCareersDeutschland (zuletzt abgerufen am 2.8.2015).

18 Fernsehbeitrag 3Sat Nano, »Arbeitswelten«, vom 10.3.2015: http://www.3sat.de/mediathek/?mode=play&obj=49901 (zuletzt abgerufen am 2.8.2015).

19 Wolfgang Gehrmann, »Freiheit bis zum Umfallen«, in: DIE ZEIT, 15.11.2011: http://www.zeit.de/2011/46/Microsoft-Arbeitsbedingungen/seite-3 (zuletzt abgerufen am 2.8.2015).

20 http://www.finanzen.net/bilanz_guv/Microsoft (zuletzt abgerufen am 2.8.2015).

21 http://www.boerse.de/fundamental-analyse/Microsoft-Aktie/ US5949181045 (zuletzt abgerufen am 2.8.2015).

22 Fernsehbeitrag 3Sat Nano, »Arbeitswelten«, vom 10.3.2015: http:// www.3sat.de/mediathek/?mode=play&obj=49901 (zuletzt abgerufen am 2.8.2015).

23 Spiegel Online, »DGB-Umfrage: Deutsche wollen weniger arbeiten« (4.12.2014): http://www.spiegel.de/wirtschaft/soziales/ dgb-umfrage-mehrheit-der-arbeitnehmer-wuerde-gern-weniger-arbeiten-a-1006511.html (zuletzt abgerufen am 2.8.2015).

24 Andrea Diener, »Amerikaner arbeiten durch«, in: FAZ (5.1.2015): http://www.faz.net/aktuell/reise/amerikanisches-urlaubsverhalten-wir-arbeiten-durch-13354241.html (zuletzt abgerufen am 2.8.2015).

25 Paul Gallagher, »Slavery in the City: Death of 21-year-old intern Moritz Erhardt at Merrill Lynch sparks furore over long hours and macho culture at banks«, in: The Independent (20.8.2013): http:// www.independent.co.uk/news/uk/home-news/slavery-in-the-city-death-of-21yearold-intern-moritz-erhardt-at-merrill-lynch-sparks-furore-over-long-hours-and-macho-culture-at-banks-8775917.html (zuletzt abgerufen am 2.8.2015).

26 »Hohe Arbeitslast: Tod eines Bankers entfacht Debatte über Stress«, in: Frankfurter Allgemeine Zeitung (6.6.2015): http://www. faz.net/aktuell/beruf-chance/hohe-arbeitslast-tod-eines-bankers-entfacht-debatte-ueber-stress-13632598.html (zuletzt abgerufen am 2.8.2015).

27 Alexandra Michel, »Transcending Socialization: Nine-Year Ethnography of the Body's Role in Organizational Control and Knowledge Workers' Transformation«, in: Administrative Science Quarterly (56/3), 2011, S. 325–368.

28 Walter Rohmert/Fritz Weg, Organisation teilautonomer Gruppenarbeit. Betriebliche Projekte – Leitregeln zur Gestaltung. RKW Beiträge zur Arbeitswissenschaft, München 1976, S. 11.

29 Herman Textor, »Soziale Selbstverantwortung: eine Forderung des Dritten Reiches«, in: Hauptamt NSBO, der NSDAP und Schulungs-

amt der DAF (Hrsg.), Die DAF-Schulung. Unterrichtsmaterial für die Schulungsbeauftragten der DAF, Berlin 1937, S. 5–22, S. 16.

30 Arbeitswissenschaftliches Institut der Deutschen Arbeitsfront, Ermüdung, Arbeitsgestaltung, Leistungssteigerung, Berlin 1938, S. 8.

31 Johanna Schoener, »Artgerechte Haltung«, in: DIE ZEIT (27), 27.6.2013: http://www.zeit.de/2013/27/fuehrungskraefte-burn-out-psychiater (zuletzt abgerufen am 2.8.2015).

32 Die Welt / DPA (23.6.2014), »Warum Dauerstress zum Herzinfarkt führen kann«: http://www.welt.de/gesundheit/article129381520/ Warum-Dauerstress-zum-Herzinfarkt-fuehren-kann.html (zuletzt abgerufen am 2.8.2015).

33 Anson Rabinbach, »Betriebspsychologie zwischen Psychotechnik und Politik während der Weimarer Republik. Der Fall Otto Lipmann«, in: Dietrich Milles (Hrsg.), Betriebsärzte und produktionsbezogene Gesundheitspolitik in der Geschichte, Bremerhaven 1992, S. 41–64, S. 43.

34 Yan Bohulskyy et al., »Arbeitszufriedenheit in Deutschland sinkt langfristig«, IAQ-Report 2011: http://www.iaq.uni-due.de/iaq-report/2011/report2011-03.pdf (zuletzt abgerufen am 2.8.2015).

35 Christina Berndt, »Illusion der Stärke«, in: Süddeutsche Zeitung (61), 14./15.3.2015: http://www.sueddeutsche.de/leben/ resilienz-in-unternehmen-die-anti-stress-dressur-1.2389425 (zuletzt abgerufen am 2.8.2015).

36 Sabine Hockling, »Resilienz«, in: ZEIT Online (20.2.2015): http://www.zeit.de/karriere/beruf/2015-02/resilienz-mitarbeiter-unternehmen-

37 Christian Berndt, Resilienz. Das Geheimnis der psychischen Widerstandskraft, München 2013.

38 Eva Heidenfelder, »Resilienz. Die unsichtbare Kraft«, in: FAZ (1.1.2015): http://www.faz.net/aktuell/beruf-chance/arbeitswelt/ resilienz-die-unsichtbare-kraft-13339688.html (zuletzt abgerufen am 2.8.2015).

39 IG Metall, Anti-Stress-Verordnung: https://www.igmetall.de/ internet/docs_0188530_Anti_Stress_Verordnung_ab6297762b343f-1ce2cf2275345a3e1b648a983d.pdf (zuletzt abgerufen am 2.8.2015).

40 In beiden Fällen kommt es zur unbezahlten Mehrarbeit. Zur Unterlaufung des neu eingeführten Mindestlohnes im Niedriglohnsektor durch illegale Ausdehnung der Arbeitszeit siehe z. B.: Fritz Zimmermann, Die Lohnlüge, in: DIE ZEIT (20.3.2015): http://www.zeit.de/2015/10/mindestlohn-ausbeutung-luege/ komplettansicht (zuletzt abgerufen am 2.8.2015).

41 SWR-Dokumentation »Hungerlohn am Fließband – Wie Tarife bei Daimler ausgehebelt werden«: https://www.youtube.com/watch?v=vtKajGGJnyU (zuletzt abgerufen am 2.8.2015). Nachdem die Dokumentation den Missbrauch der Werkverträge öffentlich gemacht hatte, wurde das Instrument unternehmensintern stärkeren Kontrollen unterworfen. Neuerdings steht der Konzern jedoch wegen der steigenden Zahl von Leiharbeitern in der Kritik; der Betriebsratsvorsitzende Ergun Lümali betonte im April 2015: »Das Problem ist also eindeutig schärfer und größer geworden. Der Betriebsrat hat deshalb große Konfrontationen mit dem Konzern«, zitiert nach: Kathrin Haasis, »Die besten Autos, die besten Arbeiter«, in: Stuttgarter Zeitung (22.4.2015): http://www.stuttgarter-zeitung.de/inhalt.betriebsratschef-vom-sindelfinger-daimler-werk-die-besten-autos-die-besten-arbeiter.9b3ef84d-c1ab-4e4c-a224-22225b544c14.html (zuletzt abgerufen am 2.8.2015).

42 Jan Bredack, Vegan für alle. Warum wir richtig leben sollten. München 2014, S. 13 f.

43 Ibid., S. 24 f.

44 Ibid., S. 171.

45 Reiner Bröckermann, Personalwirtschaft, Stuttgart 2012, S. 35 ff.

46 Bredack, Vegan für alle, S. 47.

47 Manager Magazin, »Daimler – Rekordgewinn, Rekorddividende, Rekordbonus« (5.2.2015): http://www.manager-magazin.de/unternehmen/autoindustrie/a-1016807.html (zuletzt abgerufen am 2.8.2015).

48 http://www.daimler.com/investor-relations/daimler-aktie/dividende (zuletzt abgerufen am 2.8.2015).

49 http://www.daimler.com/Projects/c2c/channel/documents/2536787_Daimler_AG_20141001_BlackRock.pdf (zuletzt abgerufen am 2.8.2015).

50 MB/Bloomberg, »BlackRock-Chef Fink freut sich über 13 % mehr Verdienst«, in: Fonds Professionell (16.4.2014): http://www. fondsprofessionell.de/news/vertrieb-praxis/nid/blackrock-chef-fink-freut-sich-ueber-13-prozent-mehr-verdienst/newskategorie/vertrieb-praxis/gid/1014922/newsseite/1 (zuletzt abgerufen am 2.8.2015).

51 Deutschlandfunk, »BlackRock. Eine Großmacht, die kaum jemand kennt«: http://www.deutschlandradiokultur.de/heike-buchter-blackrock-eine-weltmacht-die-kaum-jemand-kennt.1270. de.html?dram:article_id=328361 (zuletzt abgerufen am 1.9.2015).

52 Es war das Ergebnis des diesjährigen »DAK Gesundheitsreports«, dass 3 Millionen Menschen auf leistungssteigernde Mittel zurückgreifen, »um den Anforderungen im Job zu genügen«. S. Deutsche Welle, »Gehirndoping gegen Leistungsdruck« (17.3.2015): http://www.dw.de/hirndoping-gegen-leistungsdruck/a-18320696 (zuletzt abgerufen am 2.8.2015).

53 Kerstin Bund, Glück schlägt Geld. Generation Y: Was wir wirklich wollen. Hamburg 2014.

54 Klaus Bräuer, Betriebspsychologie im Bereich des Unterrichts über die moderne Wirtschafts- und Arbeitswelt, Ratingen 1974, S. 33.

55 Tübinger Forschungsgruppe für Migration – Integration – Jugend – Verbände, Was bewegt junge Menschen? Lebensführung und solidarisches Handeln junger Beschäftigter unter 35 im Dienstleistungsbereich, http://www.tuebinger-forschungsgruppe. de/uploads/media/Was_bewegt_junge_Menschen.pdf (zuletzt abgerufen am 1.8.2015).

56 Simone Schmollack, »Ja zu Familie und Internet, Nein zur Kirche« (15.9.2010): http://www.taz.de/1/archiv/digitaz/artikel/?ressort=sw&dig=2010/09/15/a0083&cHash=6146605cf0 (zuletzt abgerufen am 1.8.2015).

57 Heike Schmoll, »Generation Privatleben«, in FAZ (28.10.2014): http://www.faz.net/aktuell/studenten-umfrage-generation-privatleben-13234609.html (zuletzt abgerufen am 1.8.2015).

58 Thomas Welskopp, »Class Stuctures and the Firm: The Interplay of Workplace and Industrial Relations in Large Capitalist Enter-

prises« in: Paul Robertson (Hrsg.), Authority and Control in Modern Industry, London 1999, S. 73–119, S. 112.

59 So zu vernehmen 2013 sowohl auf dem ›Annual Forum‹ der ESMT Business School in Berlin unter dem Titel ›The Future of Jobs‹ als auch bei der Digital Life Design Conference in München.

60 André Gorz, Arbeit zwischen Utopie und Misere, Frankfurt/Main 2000, S. 82.

61 Werner Plume, »Industrielle Beziehungen«, in: Petzina Ambrosius/ Werner Plume (Hrsg.), Moderne Wirtschaftsgeschichte, München 2006, S. 389–419, S. 410.

62 Dennis Kremer, »Die geheime Macht im Dax«, in: FAS (26.4.2015), Nr. 17, S. 31: http://www.faz.net/aktuell/finanzen/aktien/agenten-von-grossinvestoren-sind-die-geheime-macht-im-dax-13559562.html (zuletzt abgerufen am 1.8.2015).

63 http://www.steuermythen.de/mythos09/ (zuletzt abgerufen am 1.8.2015).

64 Gabriel Zucman, Steueroasen. Wo der Wohlstand der Nationen versteckt wird, Berlin 2014, S. 8. Zucman stellt eine große Band-breite möglicher politischer Maßnahmen dar, die in der Lage wären, diese Steuerumgehung effektiv zu begrenzen.

65 Handelsblatt, »Manager gegen die Trockenlegung von Steuer-oasen«, 16.9.2014: http://www.handelsblatt.com/unternehmen/management/exklusiv-umfrage-manager-gegen-trockenlegung-von-steueroasen/10706262.html (zuletzt abgerufen am 1.8.2015).

66 Jakob Augstein, Sabotage. Warum wir uns zwischen Kapitalismus und Demokratie entscheiden müssen, München 2013, S. 48.

67 Hans-Ulrich Wehler, Die neue Umverteilung. Soziale Ungleichheit in Deutschland, München 2013, S. 80.

68 Augstein, Sabotage, S. 48 f.

69 Zucman, Steueroasen, S. 8.

70 OECD, In it together: Why Less Inequality Benefits All, 21.5.2015: http://www.oecd.org/social/in-it-together-why-less-inequality-benefits-all-9789264235120-en.html (zuletzt abgerufen am 1.8.2015).

71 Deutschlandfunk, »Job-Unsicherheit nimmt weltweit zu«, 19.5.2015: http://www.deutschlandfunk.de/ilo-bericht-job-

unsicherheit-nimmt-weltweit-zu.766.de.html?dram:article_
id=320238 (zuletzt abgerufen am 1.8.2015).

72 Jürgen Kocka, Geschichte des Kapitalismus, München 2013, S. 109.

73 Marcus Theurer, »Ab ins Internat«, in: FAZ (29.4.2015): http://www.
faz.net/aktuell/beruf-chance/campus/englische-privatschulen-bei-
deutschen-schuelern-beliebt-13559530.html (zuletzt abgerufen am
1.8.2015).

74 Claus Schäfer, WSI-Verteilungsbericht 2012, S. 591: http://www.
boeckler.de/wsimit_2012_08_schaefer.pdf (zuletzt abgerufen am
1.8.2015).

75 Kocka, Geschichte des Kapitalismus, S. 56.

76 Ibid., S. 124.

77 Im Niedriglohnbereich spielt die Sicherstellung von Produktivität
über positive Arbeitsgefühle, wie bereits dargestellt, keine Rolle.
Der reine Druck der prekären Situation auf dem Arbeitsmarkt
erzeugt entweder Leistungsbereitschaft oder die Möglichkeiten,
einen ›Under-Performer‹ schnell wieder ›auszutauschen‹.

78 Bröckermann, Personalwirtschaft, S. 275.

79 Thilo Schmidt, Auf der Suche nach Sinn und Arbeit, Deutsch-
landradio Kultur (2.12.2014): http://www.deutschlandradiokultur.
de/junge-erwachsene-auf-der-suche-nach-sinn-und-arbeit.976.
de.html?dram%3Aarticle_id=304633 (zuletzt abgerufen am
1.8.2015).

80 Ibid.

81 Denkwerk Zukunft, Memorandum »Das Wohlstandsquintett 2014«,
http://www.denkwerkzukunft.de/index.php/presse/index/WQuin14
(zuletzt abgerufen am 1.8.2015).

82 Der Sachverständigenrat für Umweltfragen der Bundesregierung
hat in Anbetracht der ökologischen Grenzen auf die Notwendigkeit hingewiesen, in eine »wachstumsunabhängige Wirtschaft«
zu investieren: http://www.umweltrat.de/SharedDocs/Downloads/
DE/01_Umweltgutachten/2012_Umweltgutachten_Kurzfassung.
pdf?__blob=publicationFile (zuletzt abgerufen am 1.8.2015).

83 http://climateactiontracker.org/

84 Markus Schulte von Drach, »Nachfolgende Generationen werden uns verfluchen«, Interview mit dem ehemaligen wissen-

schaftlichen Direktor des Umweltbundesamtes, Lutz Wicke, in: Süddeutsche Zeitung (9.5.2013): http://www.sueddeutsche.de/ wissen/klimawandel-die-nachfolgenden-generationen-werden-uns-klimaforscher-verfluchen-1.1668377 (zuletzt abgerufen am 1.8.2015).

85 The World Bank, »The New Climate Normal« Poses Severe Risk to Development, November 23, 2014: http://www.worldbank. org/en/news/press-release/2014/11/23/new-climate-normal-poses-severe-risks. Siehe auch: The World Bank, Turn down the heat: climate extremes, regional impacts, and the case for resilience – full report (1.6.2013): http://documents.worldbank.org/curated/ en/2013/06/17862361/turn-down-heat-climate-extremes-regional-impacts-case-resilience-full-report (zuletzt abgerufen am 1.8.2015). In Afrika wird bei einer Erwärmung um 1 Grad beispielsweise mit einem Ernteeinbruch von 10 % gerechnet, s. World Watch Institute, The Irony of Climate: http://www.worldwatch.org/ node/572 (zuletzt abgerufen am 1.8.2015).

86 Deutsche Gesellschaft für die Vereinten Nationen e.V., Hunger auf der Welt nimmt zu (25.8.2010): http://www.dgvn.de/meldung/ hunger-auf-der-welt-nimmt-zu/ (zuletzt abgerufen am 1.8.2015).

87 Deutschlandfunk, Der Schutz des Trinkwassers (22.12.2014): http://www.deutschlandfunk.de/ressourcen-der-schutz-des-trinkwassers.1310.de.html?dram:article_id=306980 (zuletzt abgerufen am 1.8.2015).

88 Dagmar Dehmer, Dürre, Hunger und Benzinpreise, in: Der Tagesspiegel (19.8.2012): http://www.tagesspiegel.de/ meinung/nahrungsmittel-spekulationen-duerre-hunger-und-benzinpreise/7017746.html (zuletzt abgerufen am 1.8.2015).

89 The World Bank, »The New Climate Normal« Poses Severe Risk to Development, November 23, 2014: http://www.worldbank.org/en/ news/press-release/2014/11/23/new-climate-normal-poses-severe-risks (zuletzt abgerufen am 1.8.2015).

90 Mainau Declaration 2015: http://www.lindau-nobel.org/ (zuletzt abgerufen am 1.8.2015).

91 Frankfurter Allgemeine Zeitung, Bundesregierung fürchtet 200 Millionen Klimaflüchtlinge, in: FAZ (5.7.2014): http://www.

faz.net/aktuell/wissen/klima/regierung-fuerchtet-200-millionen-klimafluechtlinge-13029062.html (zuletzt abgerufen am 1.8.2015).

92 UNO-Flüchtlingshilfe, Flüchtlinge weltweit – Zahlen und Fakten: https://www.uno-fluechtlingshilfe.de/fluechtlinge/zahlen-fakten.html (zuletzt abgerufen am 1.8.2015).

93 Naomi Klein, This Changes Everything. Capitalism vs. the Climate, New York 2014, S. 53.

94 International Energy Agency, The world is locking itself into an unsustainable energy future (9.11.2011): https://www.iea.org/newsroomandevents/pressreleases/2011/november/the-world-is-locking-itself-into-an-unsustainable-energy-future.html: »Four-fifths of the total energy-related CO_2 emissions permitted to 2035 in the 450 Scenario are already locked-in by existing capital stock, including power stations, buildings and factories. Without further action by 2017, the energy-related infrastructure then in place would generate all the CO_2 emissions allowed in the 450 Scenario up to 2035. Delaying action is a false economy: for every $1 of investment in cleaner technology that is avoided in the power sector before 2020, an additional $4.30 would need to be spent after 2020 to compensate for the increased emissions.« (zuletzt abgerufen am 1.8.2015). Anm.: Das ›450 Scenario‹ bedeutet eine Begrenzung des Temperaturanstiegs auf 2 Grad Celsius.

95 Climate Action Tracker, G7 + EU INDCs: some improvements but large emissions gap remains (4.6.2015): http://climateactiontracker.org/news/206/G7EU-INDCs-some-improvement-but-a-large-emissions-gap-remains.html (zuletzt abgerufen am 1.8.2015).

96 Anthony Barnowsky et al., Approaching a state shift in Earth's biosphere, in: Nature, 486 (7.6.2012): http://www.nature.com/nature/journal/v486/n7401/full/nature11018.html (zuletzt abgerufen am 1.8.2015).

97 Johan Rockström, A safe operating space for humanity, in: Nature, 461 (24.9.2009): http://www.nature.com/nature/journal/v461/n7263/full/461472a.html (zuletzt abgerufen am 1.8.2015).

98 Naomi Klein, This changes everything, S. 79.

99 Ibid.

100 Ibid., S. 87, Originalzitat: »The only way negotiators can achieve a 2-degree goal is to shut down the whole global economy.«

101 Die Wirtschaftsprüfungsgesellschaft PricewaterhouseCoopers rechnet in ihrem Low Carbon Economy Index 2012 vor, dass eine um 6 Grad erwärmte Erde unter dem folgenden Szenario nicht unwahrscheinlich sei: »Even doubling our current rate of decarbonisation, would still lead to emissions consistent with 6 degrees of warming by the end of the century.« S. PWC, Too Late for 2 Degrees?: http://www.pwc.de/de_DE/de/nachhaltigkeit/assets/low-carbon-economy-index-2012.pdf (zuletzt abgerufen am 1.8.2015). Der Klimaforscher Johan Rockström weist in der Zeitschrift »Nature« ebenso darauf hin, dass eine Erwärmung um 6 Grad wahrscheinlich wird, wenn man sogenannte Feedback-Effekte des Klimas mit berücksichtigt, beispielsweise den verminderten planetaren Hitzeschutz durch das Abschmelzen der Eisschilde oder den zusätzlichen Methan-Ausstoß durch das Auftauen der Permafrostböden: »If these slow feedbacks are included, doubling CO_2 levels gives an eventual temperature increase of 6 °C (with a probable uncertainty range of 4 – 8 °C). This would threaten the ecological life-support systems that have developed in the late Quaternary environment, and would severely challenge the viability of contemporary human societies.« Zitiert nach: Johan Rockström, A safe operating space for humanity, in: Nature, 461 (24.9.2009). Der ehemalige wissenschaftliche Direktor des Bundesumweltamtes hält das 6-Grad-Szenario ebenso für möglich: »Bei business as usual wird es demnach mit hoher Wahrscheinlichkeit eine Steigung der Temperatur um sechs Grad bis 2100 geben. Dadurch werden die Lebensräume für Milliarden von Menschen zerstört. Und was danach kommt, daran wagt schon kein Mensch mehr zu denken.« Zitiert nach: Markus Schulte von Drach, »Nachfolgende Generationen werden uns verfluchen«, in: Süddeutsche Zeitung (9.5.2013): http://www.sueddeutsche.de/wissen/klimawandel-die-nachfolgenden-generationen-werden-uns-klimaforscher-verfluchen-1.1668377-2 (zuletzt abgerufen am 1.8.2015).

102 Aiguo Dai, Drought under global warming: a review, in: WIREs Climate Change, (2011/2), S. 45 – 65, S. 59: http://wires.wiley.

com/WileyCDA/WiresArticle/articles.html?doi=10.1002%2Fwcc.81
(zuletzt abgerufen am 1.8.2015).

103 Süddeutsche Zeitung (14.8.2015), Die große Dürre: http://www.
sueddeutsche.de/wissen/trockenheit-in-europa-die-grosse-
duerre-1.2608455 (zuletzt abgerufen am 1.9.2015).

104 Andreas Fey, Himmel was ist da los?, in: Frankfurter Allgemeine
Zeitung (24.6.2015): http://www.faz.net/aktuell/wissen/klima/nach-
trockenem-fruehjahr-wie-wird-der-sommer-2015-13658695-p2.html
(zuletzt abgerufen am 1.8.2015).

105 Johanna Pfund, »Umfassende menschliche Tragödie«, in: Süddeutsche Zeitung (3.7.2015): http://www.sueddeutsche.de/wissen/
klimawandel-umfassende-menschliche-tragoedie-1.2549928
(zuletzt abgerufen am 1.8.2015).

106 Die Habilitationsarbeit von Anne Schmidt am Max-Planck-Institut
für Bildungsforschung zeichnet diesen Prozess der gezielten
Erzeugung positiver Konsumgefühle für das 20. Jahrhundert nach.

107 Harald Welzer, Selbst Denken. Eine Anleitung zum Widerstand,
Frankfurt am Main 2014, S. 24; KonsUmwelt, Kleidung: http://
www.going-green.info/themen/konsum/beispiel-kleidung/ (zuletzt
abgerufen am 1.8.2015).

108 Burkhard Fraune, »Mindesthaltbarkeitsdatum für Handys«, in:
Augsburger Allgemeine Zeitung (26.6.2015), S. 8.

109 DPA, Airbus prognostiziert starkes Wachstum des Luftverkehrs,
in: Handelsblatt (19.9.2011): http://www.handelsblatt.com/
unternehmen/industrie/luftverkehr-airbus-prognostiziert-starkes-
wachstum-des-luftverkehrs/4623396.html (zuletzt abgerufen am
1.8.2015).

110 Diese Zahl wurde vom wissenschaftlichen Beirat der Bundesregierung für globale Umweltfragen ermittelt. S. Bundesministerium
für Wirtschaft und Technologie, Wege zu einer wirksamen Klima-
politik (Februar 2012): https://www.bmwi.de/BMWi/Redaktion/
PDF/G/gutachten-wege-zu-einer-wirksamen-klimapolitik,property=
pdf,bereich=bmwi2012,sprache=de,rwb=true.pdf, S. 12.

111 www.atmosfair.de (zuletzt abgerufen am 1.8.2015).

112 Harald Welzer, Selbst Denken, S. 53.

113 Ibid., S. 76.

Reimer Gronemeyer

Soziologe

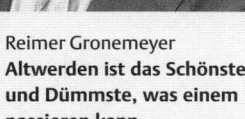

Reimer Gronemeyer
**Altwerden ist das Schönste
und Dümmste, was einem
passieren kann**

216 Seiten | Gebunden mit
Schutzumschlag
Euro 18,– (D)
ISBN 978-3-89684-160-5

Zeit der Befreiung

Die Alten sind die Musterschüler der Leistungsgesellschaft, die
umworbene Kundschaft eines verantwortungslosen Marktes.
Schonungslos schreibt Reimer Gronemeyer über das Altwerden
im Würgegriff von Konsum und Jugendwahn. Sein hoffnungs-
volles Gegenbild ist eine neue Kultur der Nachdenklichkeit. Sie
entfaltet sich im unermüdlich bewussten Unterwegssein und
in der Entscheidung, Verantwortung zu übernehmen. Denn es
geht immer um Befreiung. Gronemeyers persönlichstes Buch
ist eine Einladung, einen eigenen Umgang mit der großen
Aufgabe Alter zu finden.

www.edition-koerber-stiftung.de

Mehr Bäume.
Weniger CO_2.

www.cpibooks.de/klimaneutral

MIX
Papier aus verantwor-
tungsvollen Quellen
FSC® C083411